BestMasters

Mit „BestMasters" zeichnet Springer die besten Masterarbeiten aus, die an renommierten Hochschulen in Deutschland, Österreich und der Schweiz entstanden sind. Die mit Höchstnote ausgezeichneten Arbeiten wurden durch Gutachter zur Veröffentlichung empfohlen und behandeln aktuelle Themen aus unterschiedlichen Fachgebieten der Naturwissenschaften, Psychologie, Technik und Wirtschaftswissenschaften. Die Reihe wendet sich an Praktiker und Wissenschaftler gleichermaßen und soll insbesondere auch Nachwuchswissenschaftlern Orientierung geben.

Springer awards "BestMasters" to the best master's theses which have been completed at renowned Universities in Germany, Austria, and Switzerland. The studies received highest marks and were recommended for publication by supervisors. They address current issues from various fields of research in natural sciences, psychology, technology, and economics. The series addresses practitioners as well as scientists and, in particular, offers guidance for early stage researchers.

Weitere Bände in der Reihe http://www.springer.com/series/13198

Eva Maria Hickmann

Differentialgleichungen als zentraler Bestandteil der theoretischen Physik

Harmonischer Oszillator, Wellengleichung und Korteweg-de-Vries-Gleichung

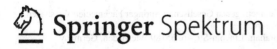

Eva Maria Hickmann
Fachbereich 08 – Institut für Kernphysik
Johannes Gutenberg-Universität
Mainz, Deutschland

ISSN 2625-3577 ISSN 2625-3615 (electronic)
BestMasters
ISBN 978-3-658-29897-5 ISBN 978-3-658-29898-2 (eBook)
https://doi.org/10.1007/978-3-658-29898-2

Die Deutsche Nationalbibliothek verzeichnet diese Publikation in der Deutschen National-
bibliografie; detaillierte bibliografische Daten sind im Internet über http://dnb.d-nb.de abrufbar.

Springer Spektrum ist ein Imprint der eingetragenen Gesellschaft Springer Fachmedien Wiesbaden
GmbH und ist ein Teil von Springer Nature.
Die Anschrift der Gesellschaft ist: Abraham-Lincoln-Str. 46, 65189 Wiesbaden, Germany

Danksagung

An dieser Stelle möchte ich mich bei all denjenigen bedanken, die mich während meines Studiums und ganz besonderes bei der Anfertigung dieser Masterarbeit unterstützt haben.

Beginnen möchte ich mit einem großen Dankeschön an den Betreuer meiner Masterarbeit, Herrn Prof. Dr. Stefan Scherer, der von Anfang an meine Begeisterung für die Arbeit mit Differentialgleichungen teilte. In zahlreichen Gesprächen nahm er sich Zeit, um mit mir über meine Arbeit zu sprechen. Dabei waren seine geduldigen Erklärungen, durch die ich sehr viel gelernt habe, und die vielen Anregungen besonders wertvoll für mich.

Außerdem möchte ich mich bei meinem Freund Simon Gütthoff für die moralische Unterstützung im Zeitraum der Masterarbeit aber auch während meines gesamten Studiums bedanken. Er zeigte immer Verständnis, wenn ich vor Problemen stand, und schaffte es, mich immer wieder zu motivieren. Darüber hinaus war er immer mein erster Ansprechpartner bei Problemen mit Latex.

Für das Korrekturlesen meiner Arbeit möchte ich mich bei meiner Mutter Margret Hickmann bedanken. Darüber hinaus hat sie mich gemeinsam mit meinem Vater Alfred Hickmann im Verlauf meines gesamten Studiums vertrauensvoll unterstützt. Auch ohne den familiären Rückhalt über meine Eltern hinaus durch meine Geschwister Regina Braun und Stefan Hickmann mit ihren Familien wäre mein Studium vermutlich nicht so erfolgreich gewesen. Dafür danke ich euch sehr.

Zuletzt danke ich allen Kommilitoninnen und Kommilitonen für die schöne Zeit und das gemeinsame Lernen. An dieser Stelle sei meinem Cousin Matthias Liesenfeld besonders gedankt für seine Zeit und Geduld, mir einige Details der Mathematik zu erklären.

Inhaltsverzeichnis

Abbildungsverzeichnis

1 Einleitung

Wie der Titel verrät, beschäftigt sich diese Arbeit mit Differentialgleichungen in der Physik. Genauer gesagt werden beispielhaft die
drei Differentialgleichungen Schwingungsgleichung, Wellengleichung
und Korteweg-de-Vries-Gleichung diskutiert und anhand dieser Beispiele allgemeine Methoden und Herangehensweisen zur Lösung von
Differentialgleichungen herausgearbeitet.

Es stellt sich die Frage, wieso wir uns überhaupt mit Differentialgleichungen und deren Lösungsmethoden in einer physikalischen Arbeit
beschäftigen. Diese Frage beantwortet sich jedoch sehr schnell, wenn
wir die eigentliche Aufgabe der Naturwissenschaft Physik betrachten,
welche darin besteht, Gesetzmäßigkeiten zu finden, die die Natur beschreiben. Dabei sind die zeitlich und örtlich veränderlichen Zustände
der Natur viel interessanter als die zeitlich und örtlich konstanten.

Schließlich ist beispielsweise die Bewegung eines großen Steins unter
der Annahme, dass keine extremen Unwetter auftreten und kein
Mensch oder Tier den Stein wegbewegt, schnell beschrieben, denn
dieser Stein befindet sich für alle Zeiten an einem festen Ort $\vec{x}'$. Wir
können also den Ort des Steins in Abhängigkeit von der Zeit t mit
$\vec{x}(t) = \vec{x}' = konstant$ angeben.

Betrachten wir aber alternativ ein Blatt, das auf einem Fluss treibt,
und nehmen wieder an, dass keine Umweltfaktoren das Blatt von der
Oberfläche des Flusses entfernen, so benötigen wir zur Beschreibung
der Bewegung eine viel kompliziertere Gleichung. Zwar können wir annehmen, dass sich das Blatt mit der gleichen Geschwindigkeit wie das
Wasser im Fluss bewegt, allerdings ist diese Geschwindigkeit abhängig
von verschiedenen Faktoren wie zum Beispiel der Wasserhöhe oder
der Flussbreite. Das bedeutet, die Fließgeschwindigkeit ist abhängig
vom Ort, und dieser ist wiederum abhängig von der Zeit. Wenn alle

© Der/die Herausgeber bzw. der/die Autor(en), exklusiv lizenziert durch
Springer Fachmedien Wiesbaden GmbH, ein Teil von Springer Nature 2020
E. M. Hickmann, *Differentialgleichungen als zentraler Bestandteil der theoretischen
Physik*, BestMasters, https://doi.org/10.1007/978-3-658-29898-2_1

Einflüsse auf die Fließgeschwindigkeit bekannt sind, kann eine Differentialgleichung aufgestellt werden, deren Lösung die Bewegung des Blattes beschreibt.

Wir haben an diesem kleinen Beispiel gesehen, dass wir Differentialgleichungen benötigen, um viele Phänomene, Bewegungen oder Zustände in der Natur zu beschreiben, die sich zeitlich und/oder örtlich verändern. Da diese die wirklich interessanten Fälle sind, bilden Differentialgleichungen einen zentralen Bestandteil der (theoretischen) Physik. Aufgrund ihrer großen Bedeutung schauen wir uns im Hauptteil dieser Arbeit einige Differentialgleichungen an. Vorher gibt es für die Leserinnen und Leser, die mit den benötigten mathematischen Methoden nicht vertraut sind, ein Kapitel, das diese zusammenfasst.

2 Wissenswertes aus der Mathematik

In diesem Kapitel werden verschiedene mathematische Konzepte erläutert, die später bei der Lösung von Differentialgleichungen hilfreich sein werden. Neben der komplexen Integration sowie der Delta-Funktion wird insbesondere die Fourier-Transformation beleuchtet, deren Grundlage die Fourier-Reihen darstellen. Außerdem ist die Kenntnis der Bedeutung von orthogonalen Funktionen wichtig. Aus diesem Grund werden diese nun zuerst kurz behandelt.

2.1 Orthogonale Funktionen

Wir interpretieren im Folgenden den Raum der Funktionen als einen Vektorraum V. Das bedeutet, dass wir uns jede Funktion als einen Vektor im unendlich-dimensionalen Vektorraum vorstellen. Nur so können wir den Begriff der orthogonalen Funktionen definieren.

Damit die Definition der orthogonalen Funktionen mathematisch korrekt gelingt, genügt es nicht, einen beliebigen Vektorraum V zu betrachten. Wir benötigen stattdessen (mindestens) einen Prä-Hilbert-Raum (vgl. Bronstein u. a. (2013)).

Definition 1 (Prä-Hilbert-Raum). *Ein Vektorraum V über dem Körper $\mathbb{K}$ (wir arbeiten im Folgenden mit $\mathbb{K} = \mathbb{C}$) heißt Prä-Hilbert-Raum bzw. Raum mit Skalarprodukt, wenn jedem Paar von Elementen $x, y \in V$ eine Zahl $\langle x, y \rangle \in \mathbb{K}$, das Skalarprodukt von x und y, zugeordnet ist, sodass die folgenden Bedingungen (Axiome des Skalarprodukts) gelten:*

© Der/die Herausgeber bzw. der/die Autor(en), exklusiv lizenziert durch
Springer Fachmedien Wiesbaden GmbH, ein Teil von Springer Nature 2020
E. M. Hickmann, *Differentialgleichungen als zentraler Bestandteil der theoretischen Physik*, BestMasters, https://doi.org/10.1007/978-3-658-29898-2_2

H1 $\langle x, x \rangle \geq 0$, *insbesondere* $\langle x, x \rangle \in \mathbb{R}$ *und* $\langle x, x \rangle = 0$ *genau dann,*
wenn $x = 0$,

H2 $\langle x, \alpha y \rangle = \alpha \langle x, y \rangle$,

H3 $\langle x, y + z \rangle = \langle x, y \rangle + \langle x, z \rangle$,

H4 $\langle x, y \rangle = \langle y, x \rangle^*$,

wobei $x, y, z \in V$, $\alpha \in \mathbb{K}$ *und* v^* *das komplex Konjugierte von* v *ist*
(vgl. Bronstein u. a. (2013)).

Da uns der Prä-Hilbert-Raum nur vorübergehend genügt, definieren
wir an dieser Stelle schon den Hilbert-Raum, der später in diesem
Kapitel eine große Rolle übernehmen wird.

Definition 2 (Hilbert-Raum). *Ein vollständig unitärer Raum mit*
Skalarprodukt heißt Hilbert-Raum (vgl. Bronstein u. a. (2013)).
Wir bezeichnen einen Hilbert-Raum als separabel, wenn seine Dimen-
sion höchstens abzählbar-unendlich ist (vgl. Wong (1994)).

Dazu ergänzend sei gesagt, dass wir einen normierter Raum unitär
nennen, wenn wir in ihm ein Skalarprodukt einführen können, welches
durch $\| \ x \ \| = \sqrt{\langle x, x \rangle}$ mit der Norm verknüpft ist (vgl. Bronstein u. a.
(2013)). Weiter bedeutet nach Rudin (1999) vollständig, dass jede
Cauchyfolge in diesem Raum gegen ein Element aus diesem Raum
konvergiert.

Definition 3 (Orthogonale Elemente). *Sei* V *(mindestens) ein Prä-*
Hilbert-Raum. Nach Bronstein u. a. (2013) heißen zwei Elemente
$x, y \in V$ *orthogonal, wenn*

$$\langle x, y \rangle = 0. \tag{2.1}$$

Diese Definition ist sehr allgemein für Elemente eines Prä-Hilbert-
Raums. Wir benötigen im Folgenden jedoch orthogonale Funktionen.
Daher betrachten wir nun Räume im Sinne von Definition 4.

Definition 4 (Raum der quadratintegrierbaren Funktionen). *Als die Menge $L^2[a, b]$ aller auf $I = [a, b]$ quadratintegrierbaren, reellen oder komplexen Funktionen bezeichnen wir die Menge der Funktionen $\{f(x)\}$, die die Gleichung*

$$\int_a^b dx |f(x)|^2 < \infty \qquad (2.2)$$

erfüllen (vgl. (Bronstein u. a., 2013)).

Dieser Raum der quadratintegrierbaren Funktionen ist ein Hilbert-Raum, was aus dem folgenden Satz mit Beweis folgt.

Satz 1. *Seien $f, g \in L^2[a, b]$. Dann erfüllt das Skalarprodukt*

$$\langle f, g \rangle = \int_a^b dx f^*(x) g(x) \qquad (2.3)$$

die Axiome des Skalarprodukts aus Definition 1. Des Weiteren lässt sich der Raum $L^2[a, b]$ bezüglich dieses Skalarprodukts normieren und ist vollständig. Er ist also ein Hilbert-Raum.

Beweis. Zunächst werden die Axiome des Skalarprodukts nachgerechnet. Es seien $f, g, h \in L^2[a, b]$ und $\alpha \in \mathbb{C}$:

$$H1 : \langle f, f \rangle = \int_a^b dx\, f^*(x) f(x) = \int_a^b dx\, |f(x)|^2 \geq 0, \text{ weil } |f(x)|^2 \geq 0$$

$$\langle f, f \rangle = \int_a^b dx\, |f(x)|^2 = 0 \text{ genau dann, wenn } |f(x)|^2 = 0,$$

$$\text{also wenn } f(x) = 0$$

$$H2 : \langle f, \alpha g \rangle = \int_a^b dx\, f^*(x)(\alpha g(x)) = \alpha \int_a^b dx\, f^*(x) g(x) = \alpha \langle f, g \rangle$$

$$H3 : \langle f, g + h \rangle = \int_a^b dx\, f^*(x)(g(x) + h(x))$$

$$= \int_a^b dx\, f^*(x) g(x) + \int_a^b dx\, f^*(x) h(x)$$

$$= \langle f, g \rangle + \langle f, h \rangle$$

$$H4 : \langle f, g \rangle = \int_a^b dx\, f^*(x) g(x) = \int_a^b dx\, (f(x) g^*(x))^* = \langle g, f \rangle^*$$

Die Norm $\|f\| = \langle f, f \rangle^{\frac{1}{2}}$ existiert nach H1 und Definition 4.
Wegen der Vollständigkeit sei auf den Satz von Fischer-Riesz verwiesen, aus dessen Beweis diese Aussage folgt (vgl. Bronstein u. a. (2013)). $\square$

    Außerdem ist der Raum $L^2[a, b]$ nach Fischer und Kaul (2014) separabel.
    Wir haben gerade schon die Norm $\|f\| = \langle f, f \rangle^{\frac{1}{2}}$ definiert. Diese verwenden wir nun, um orthonormale Funktionensysteme zu definieren.

Definition 5 (Orthonormale Funktionensysteme). *Eine Menge von Funktionen* $\{f_1, ... f_n\} \subset L^2[a, b]$, $n \in \mathbb{N}$, *heißt orthonormales Funktionensystem, wenn gilt:*

$$\langle f_i, f_j \rangle = \delta_{ij}, \tag{2.4}$$

wobei δ_{ij} das Kronecker-Delta darstellt mit

$$\delta_{ij} = 0, \quad wenn \; i \neq j$$
$$\delta_{ij} = 1, \quad wenn \; i = j$$

(vgl. de Jong (2013)).

In diesem Abschnitt haben wir also festgehalten, dass der Raum $L^2[a, b]$ ein Hilbert-Raum ist. Dies ist eine zwingende Voraussetzung zur Definition der Fourier-Reihen, die nur über separablen Hilbert-Räumen stattfinden kann (vgl. Bronstein u. a. (2013)).

2.2 Fourier-Reihen

Nun nutzen wir $(2n + 1)$-dimensionale orthonormale Funktionensysteme, um periodische Funktionen zu approximieren. Um dies zu veranschaulichen, gehen wir zunächst einen Schritt zurück und betrachten ein Beispiel aus der Linearen Algebra.

Beispiel 1. *Es sei $\vec{v}$ ein Vektor im $\mathbb{R}^3$. Dann gibt es viele Möglichkeiten diesen darzustellen, auch wenn sie alle eigentlich das Gleiche bedeuten. Einige davon sind:*

$$\vec{v} = \begin{pmatrix} v_1 \\ v_2 \\ v_3 \end{pmatrix} \tag{2.5}$$

$$\vec{v} = v_1 \cdot \begin{pmatrix} 1 \\ 0 \\ 0 \end{pmatrix} + v_2 \cdot \begin{pmatrix} 0 \\ 1 \\ 0 \end{pmatrix} + v_3 \cdot \begin{pmatrix} 0 \\ 0 \\ 1 \end{pmatrix} \tag{2.6}$$

$$\vec{v} = v_1 \cdot \vec{e}_1 + v_2 \cdot \vec{e}_2 + v_3 \cdot \vec{e}_3 \tag{2.7}$$

$$\vec{v} = \sum_{i=1}^{3} v_i \cdot \vec{e}_i, \tag{2.8}$$

wobei die einzelnen Komponenten v_i des Vektors $\vec{v}$ mit Hilfe der Einheitsvektoren $\vec{e}_i$ zu

$$v_i = \vec{e}_i \cdot \vec{v}$$

bestimmt werden.

Diese verschiedenen Schreibweisen sind möglich, weil die Vektoren
$\{\vec{e}_1, \vec{e}_2, \vec{e}_3\}$ *eine Orthonormalbasis, also insbesondere ein orthonormales System, bilden.*

Nun wollen wir orthonormale Funktionen nutzen, um periodische Funktionen in einer sogenannten Fourier-Reihe darzustellen, ähnlich wie wir es mit den Vektoren in Gl. (2.8) gemacht haben.

Definition 6 (Fourier-Reihe). *Fourier-Reihen sind Darstellungen von Funktionen $f \in L^2[-\pi, \pi]$ in der Form*

$$f(x) = \frac{a_0}{2} + \sum_{k=1}^{\infty} \left[a_k \cos(kx) + b_k \sin(kx) \right]. \tag{2.9}$$

Dabei bilden die Funktionen $1, \cos(kx)$ und $\sin(kx)$ ein orthonormales Funktionensystem und die Koeffizienten $\{a_0, a_k, b_k\}$, $k \in \mathbb{N}$, bestimmen sich durch

$$a_0 = \frac{1}{\pi} \int_{-\pi}^{\pi} dx\, f(x) \tag{2.10}$$

$$a_k = \frac{1}{\pi} \int_{-\pi}^{\pi} dx\, f(x) \cos(kx) \tag{2.11}$$

$$b_k = \frac{1}{\pi} \int_{-\pi}^{\pi} dx\, f(x) \sin(kx). \tag{2.12}$$

(vgl. Korsch (2004)). Es sei bemerkt, dass wir eigentlich quadratintegrierbare periodische Funktionen f mit reellwertigem Definitonsbereich und $f(x) = f(x + 2\pi)$ betrachten. Da sie sich aufgrund dieser Bedingung aber alle 2π wiederholen, genügt es immer, einen Ausschnitt auf $L^2[-\pi, \pi]$ anzuschauen, um die gesamte Funktion später mit der Fourier-Reihe darstellen zu können.

Es ist in der Praxis unmöglich, unendlich viele Koeffizienten $\{a_0, a_k, b_k\}$, $k \in \mathbb{N}$, zu berechnen. Daher werden Fourier-Reihen häufig zur Approximation bis zu einem gewissen Niveau n genutzt, wobei dann nur noch maximal $2n+1$ Koeffizienten $\{a_0, a_k, b_k\}$, $k \in \{1, \ldots, n\}$, berechnet werden müssen. Maximal $2n + 1$ Koeffizienten, weil für konstante Funktionen nur das a_0, für gerade Funktionen nur die a_k, $k \in \{0, \ldots, n\}$, und für ungerade Funktionen nur die b_k, $k \in \{1, \ldots, n\}$, berechnet werden müssen. Es empfiehlt sich daher grundsätzlich vor der Berechnung der Koeffizienten die Funktion mit

$$f(x) = f_g(x) + f_u(x) \tag{2.13}$$

$$f_g(x) = \frac{1}{2}\left[f(x) + f(-x)\right] \tag{2.14}$$

$$f_u(x) = \frac{1}{2}\left[f(x) - f(-x)\right] \tag{2.15}$$

(vgl. Wong (1994)) in ihren geraden und ungeraden Anteil aufzuteilen und dann die Berechnung der Koeffizienten nur mit den für sie relevanten Funktionsteilen durchzuführen.

Exemplarisch vollziehen wir dieses Vorgehen am Beispiel der Dreiecksschwingung nach, wie es auch bei Korsch (2004) zu finden ist.

Beispiel 2 (Dreiecksschwingung). *Wir betrachten die periodische Dreiecksfunktion*

$$f(x) = \frac{1}{\pi}|x| \; mit \; |x| \leq \pi \; und \; f(x + 2\pi) = f(x).$$

Diese Funktion teilen wir mit Gl. (2.13) auf und erhalten wegen

$$f_g(x) = \frac{1}{2}\left(\frac{1}{\pi}|x| + \frac{1}{\pi}|-x|\right) = \frac{1}{\pi}|x|$$

$$f_u(x) = \frac{1}{2}\left(\frac{1}{\pi}|x| - \frac{1}{\pi}|-x|\right) = 0$$

nur gerade Anteile, sodass $b_k = 0$ für alle k. Die a_k bestimmen wir mit Gl. (2.10) und (2.11) zu

$$a_0 = \frac{2}{\pi^2} \int_0^\pi dx\; x = \frac{2}{\pi^2} \left[\frac{x^2}{2} \right]_0^\pi = 1$$

$$a_k \overset{k \geq 1}{=} \frac{2}{\pi^2} \int_0^\pi dx\; x\cos(kx) = \frac{2}{\pi^2} \left[\frac{1}{k^2}\cos(kx) + \frac{x}{k}\sin(kx) \right]_0^\pi$$

$$= \frac{2}{(\pi k)^2}(\cos(k\pi) - 1) = \begin{cases} -\dfrac{4}{(\pi k)^2}, & \text{\textit{wenn} } k \text{ \textit{ungerade}} \\ 0, & \text{\textit{wenn} } k \text{ \textit{gerade.}} \end{cases}$$

Daraus ergibt sich

$$f(x) = \frac{1}{2} - \frac{4}{\pi^2} \left(\frac{\cos(x)}{1^2} + \frac{\cos(3x)}{3^2} + \frac{\cos(5x)}{5^2} + \dots \right).$$

Zur Veranschaulichung ist die Funktion selbst sowie ihre Approximationen für $k = 1$, $k = 5$ und $k = 10$ in Abbildung 2.1 dargestellt.

Nach Wong (1994) lassen sich Fourier-Reihen auch für L-periodische Funktionen $f(x)$ auf beliebigen Intervallen $\left[-\frac{L}{2}, \frac{L}{2} \right]$ finden, indem eine Variablensubstitution mit $y = \frac{2\pi}{L}x$ durchgeführt wird. Es folgt:

$$f(x) = \frac{a_0}{2} + \sum_{k=1}^\infty \left[a_k \cos\left(\frac{2k\pi x}{L} \right) + b_k \sin\left(\frac{2k\pi x}{L} \right) \right], \quad \text{mit} \quad (2.16)$$

$$a_0 = \frac{2}{L} \int_{-\frac{L}{2}}^{\frac{L}{2}} dx f(x) \qquad\qquad\qquad\qquad (2.17)$$

$$a_k = \frac{2}{L} \int_{-\frac{L}{2}}^{\frac{L}{2}} dx f(x) \cos\left(\frac{2k\pi x}{L} \right) \qquad\qquad (2.18)$$

$$b_k = \frac{2}{L} \int_{-\frac{L}{2}}^{\frac{L}{2}} dx f(x) \sin\left(\frac{2k\pi x}{L} \right). \qquad\qquad (2.19)$$

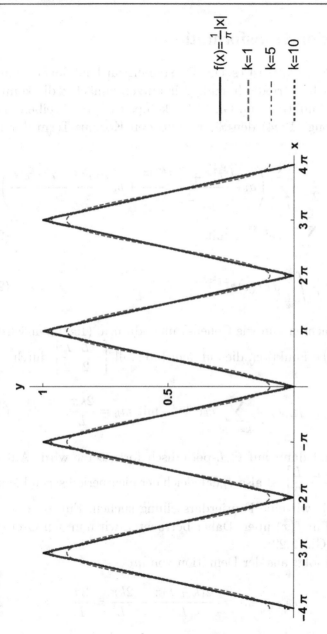

Abbildung 2.1: Dreieckschwingung mit Approximationen

2.3 Fourier-Transformation

Ziel dieses Abschnitts ist es, eine Darstellung für Funktionen zu finden, die nicht mehr periodisch sind. Wir nutzen zunächst die komplexe Exponentialfunktion, um Gl. (2.16) kompakter zu schreiben, indem wir wie Wong (1994) den Sinus- und den Kosinus-Term durch sie ausdrücken:

$$f(x) = \frac{a_0}{2} + \sum_{k=1}^{\infty} \left(a_k \frac{e^{i\frac{2k\pi}{L}x} + e^{-i\frac{2k\pi}{L}x}}{2} + b_k \frac{e^{i\frac{2k\pi}{L}x} - e^{-i\frac{2k\pi}{L}x}}{2i} \right)$$

$$= \sum_{k=-\infty}^{\infty} c_k e^{i\frac{2k\pi}{L}x}, \text{ mit} \tag{2.20}$$

$$c_k = \frac{1}{L} \int_{-\frac{L}{2}}^{\frac{L}{2}} dx f(x) e^{-i\frac{2k\pi}{L}x}. \tag{2.21}$$

Wir betrachten nun wie Cohen-Tannoudji u. a. (1999) zunächst die L-periodische Funktion, die auf dem Intervall $\left[-\frac{L}{2}, \frac{L}{2} \right]$ durch

$$f_L(x) = \sum_{k=-\infty}^{\infty} c_k e^{im_k x}, \text{ mit } m_k = \frac{2k\pi}{L}, \tag{2.22}$$

definiert und dann auf $\mathbb{R}$ L-periodisch fortgesetzt wird. Auf dem Intervall $\left[-\frac{L}{2}, \frac{L}{2} \right]$ ist also $f_L(x)$ gleich der nichtperiodischen Funktion $f(x)$, für die wir eine Fourierdarstellung suchen. Für $L \to \infty$ geht dann $f_L(x)$ in $f(x)$ über. Daher betrachten wir nun den Grenzwert der obigen Gl. (2.22).

Zunächst folgt aus der Definition von m_k

$$m_{k+1} - m_k = \frac{2(k+1)\pi}{L} - \frac{2k\pi}{L} = \frac{2\pi}{L}. \tag{2.23}$$

Umgekehrt können wir also statt $\frac{1}{L}$ auch $\frac{m_{k+1} - m_k}{2\pi}$ schreiben und setzen genau diesen Ausdruck in die Gleichung für c_k, also in Gl. (2.21), ein:

$$c_k = \frac{m_{k+1} - m_k}{2\pi} \int_{-\frac{L}{2}}^{\frac{L}{2}} dx f(x) e^{-im_k x}. \qquad (2.24)$$

Im nächsten Schritt fügen wir unsere c_k in Gl. (2.22) ein, um einen neuen Ausdruck für die Funktion $f_L(x)$ zu gewinnen. Hierbei muss darauf geachtet werden, dass wir unsere Integrationsvariable ändern müssen, da die c_k im Gegensatz zu $f_L(x)$ unabängig von x sind und in Gl. (2.24) eine beliebige Integrationsvariable gewählt werden kann. Es ergibt sich:

$$f_L(x) = \sum_{k=-\infty}^{\infty} \frac{m_{k+1} - m_k}{2\pi} e^{im_k x} \int_{-\frac{L}{2}}^{\frac{L}{2}} d\xi f(\xi) e^{-im_k \xi}. \qquad (2.25)$$

Für $L \to \infty$ geht $m_{k+1} - m_k$ gegen null (vgl. Gl. (2.23)). Wir bekommen also eine Summe über unendlich viele unendlich kleine Intervalle. Diese Summe geht also über zu einem Integral über $\mathbb{R}$. Gleichzeitig wird $f_L(x)$ zu $f(x)$ und wir schreiben den hinteren Teil von Gl. (2.25) als eine Funktion der kontinuierlichen Variablen m mit einem Vorfaktor. Es ergibt sich

$$f(x) = \frac{1}{\sqrt{2\pi}} \int_{-\infty}^{\infty} dm \tilde{f}(m) e^{imx} \text{ mit} \qquad (2.26)$$

$$\tilde{f}(m) = \frac{1}{\sqrt{2\pi}} \int_{-\infty}^{\infty} d\xi f(\xi) e^{-im\xi} = \frac{1}{\sqrt{2\pi}} \int_{-\infty}^{\infty} dx f(x) e^{-imx},$$

und wir bezeichnen $\tilde{f}$ als Fourier-Transformierte von f.

Allerdings werden wir in der Physik und somit im folgenden Teil dieser Arbeit immer mit einer der folgenden festen Beziehungen zwischen f und $\tilde{f}$ arbeiten:

$$
f(x) \text{ als Funktion des Orts} \quad \leftrightarrow \quad
\begin{cases}
\tilde{f}(k) \text{ als Funktion der Kreiswellenzahl} \\
oder \\
\tilde{f}(p) \text{ als Funktion des Impulses}
\end{cases}
$$

$$
f(t) \text{ als Funktion der Zeit} \quad \leftrightarrow \quad
\begin{cases}
\tilde{f}(\omega) \text{ als Funktion der Kreisfrequenz} \\
oder \\
\tilde{f}(E) \text{ als Funktion der Energie.}
\end{cases}
$$

Des Weiteren ist es eine Frage der Konvention, welcher Faktor vor dem Integral und welches Vorzeichen im Exponenten der Exponentialfunktion, über die integriert wird, gewählt wird. Wir verwenden hier **nicht** die einheitliche Konvention für alle Variablen x und t wie beispielsweise Wong (1994) oder Bronstein u. a. (2013). Stattdessen benutzen wir folgende unterschiedlichen Konventionen für die Fourier-Transformationen der Variablen von Zeit und Ort:

$$
f(t) = \frac{1}{\sqrt{2\pi}} \int_{-\infty}^{\infty} d\omega \, \tilde{f}(\omega) e^{-i\omega t} \tag{2.27}
$$

$$
f(x) = \frac{1}{\sqrt{2\pi}} \int_{-\infty}^{\infty} dp \, \tilde{f}(p) e^{ipx} \tag{2.28}
$$

mit den Rücktransformationen

$$
\tilde{f}(\omega) = \frac{1}{\sqrt{2\pi}} \int_{-\infty}^{\infty} dt \, f(t) e^{i\omega t} \tag{2.29}
$$

$$
\tilde{f}(p) = \frac{1}{\sqrt{2\pi}} \int_{-\infty}^{\infty} dx \, f(x) e^{-ipx}, \tag{2.30}
$$

wobei diese Konvention für die Zeit interessanterweise in einer älteren Auflage des Taschenbuchs der Mathematik enthalten ist (vgl. Bronstein u. a. (1979)).

Der Hintergrund für unsere Wahl der Konvention ist jedoch ein physikalischer. Bei der Untersuchung relativistischer Gleichungen wird die Verwendung sogenannter Viererimpulse $(p^{\mu}) = (p^0, \vec{p})$ beziehungsweise $(p_{\mu}) = (p_0, -\vec{p})$ mit $p_0 = p^0$ notwendig werden. Das Skalarprodukt solcher Vektoren mit vier Komponenten ist nach Wachter und Hoeber (1998) definiert durch

$$a \cdot b = a^\mu b_\mu = a_0 b_0 - \vec{a} \cdot \vec{b}. \tag{2.31}$$

Wegen der entgegengesetzten Vorzeichen vor der zeitlichen Komponente und den drei Ortskomponenten im Skalarprodukt wird die getroffene Konvention der Fourier-Transformation notwendig, denn

$$k \cdot x = k_0 x_0 - \vec{k} \cdot \vec{x} = \omega t - \vec{k} \cdot \vec{x}.$$

Es folgt für die $(3+1)$-dimensionale Fourier-Transformation nach Nolting (2002)

$$f(t, \vec{x}) = \frac{1}{(2\pi)^2} \int d^3k \int_{-\infty}^{\infty} d\omega \, \tilde{f}(\omega, \vec{k}) e^{-i(\omega t - \vec{k} \cdot \vec{x})} \tag{2.32}$$

mit der Rücktransformation

$$\tilde{f}(\omega, \vec{k}) = \frac{1}{(2\pi)^2} \int d^3x \int_{-\infty}^{\infty} dt f(t, \vec{x}) e^{i(\omega t - \vec{k} \cdot \vec{x})}. \tag{2.33}$$

Im Folgenden sind wichtige Eigenschaften von Fourier-Transformationen dargestellt, die hier aber nicht bewiesen werden.

1) **Normerhaltung** nach Goldhorn und Heinz (2008):

$$\|f\|^2 = \int_{-\infty}^{\infty} dx |f(x)|^2 = \int_{-\infty}^{\infty} dp |\tilde{f}(p)|^2 = \|\tilde{f}\|^2 \tag{2.34}$$

2) **Komplexe Konjugation** nach Wong (1994):

$f(x)$	$\tilde{f}^*(p)$	$\tilde{f}(p)$
reell	$\tilde{f}^*(p) = \tilde{f}(-p)$	
reell und gerade	$\tilde{f}^*(p) = \tilde{f}(-p) = \tilde{f}(p)$	reell und gerade
reell und ungerade	$\tilde{f}^*(p) = \tilde{f}(-p) = -\tilde{f}(p)$	imaginär und ungerade

3) **Verschiebungssatz** nach Wong (1994):

$$f(x - a) \rightarrow e^{-ipa} \tilde{f}(p) \tag{2.35}$$

4) **Differentationsregel** nach Wong (1994):

$$\frac{d}{dx}f(x) \rightarrow ip\tilde{f}(p) \tag{2.36}$$

5) **Faltungssatz** nach Bronstein u. a. (2013):

$$(\widetilde{f_1 * f_2})(p) = \sqrt{2\pi}\tilde{f}_1(p) \cdot \tilde{f}_2(p), \tag{2.37}$$

wobei mit der Faltung

$$(f_1 * f_2)(x) = \int_{-\infty}^{\infty} dy f_1(y) f_2(x-y) \tag{2.38}$$

gemeint ist.

2.4 Dirac'sche Delta-Funktion

In der Physik haben wir häufig Situationen, in denen wir ein einmaliges Ereignis in einem unendlich kleinen Zeitintervall oder einem unendlich kleinem Raumvolumen darstellen wollen. Das ist mit den wenigsten Funktionen möglich, weshalb wir hier wie Korsch (2004) die Dirac'sche Delta-Funktion definieren wollen. Die entscheidende Eigenschaft der Delta-Funktion ist:

$$\int_{-\infty}^{\infty} dx f(x)\delta(x-x_0) = f(x_0). \tag{2.39}$$

Anschaulich stellen wir uns die Funktion so vor, dass sie auf dem ganzen Raum $\mathbb{R}$ verschwindet außer im Punkt x_0. Dort geht ihr Wert gegen unendlich (vgl. Elmer (1997)).

Nach Kallenrode (2005) gilt ferner

$$\int_{a}^{b} dx f(x)\delta(x-x_0) = f(x_0), \; x_0 \in (a,b). \tag{2.40}$$

Zu beachten ist, dass wir es bei der Delta-Funktion eigentlich nicht mit einer Funktion zu tun haben, obwohl wir sie fälschlicherweise so nennen.

Genau genommen handelt es sich um eine verallgemeinerte Funktion oder auch Distribution. Mathematisch kann diese Distribution durch Grenzwertbetrachtung einer Kastenfunktion angenähert werden. Da diese Untersuchung physikalisch allerdings von geringerer Bedeutung ist, sei diesbezüglich auf Korsch (2004) und Cohen-Tannoudji u. a. (1999) verwiesen, und wir sprechen in dieser Arbeit weiter von Delta-Funktionen in dem Bewusstsein, dass es keine Funktionen sind.

Uns genügt an dieser Stelle die Betrachtung wichtiger Eigenschaften der Delta-Funktion, die bei Cohen-Tannoudji u. a. (1999) und Korsch (2004) nachgelesen werden können. Sie werden uns in späteren Kapiteln beim Lösen von Differentialgleichungen hilfreich sein. Dabei können die Eigenschaften mit der Definitionsgleichung (2.39) nachgerechnet werden, worauf jedoch an dieser Stelle verzichtet wird.

1)
$$\delta[g(x)] = \sum_j \frac{1}{|g'(x_j)|} \delta(x - x_j), \qquad (2.41)$$

wobei die x_j die einfachen Nullstellen der Funktion $g(x)$ sind. Aus dieser allgemeinen Gleichung folgt insbesondere:

$$\delta(-x) = \delta(x) \qquad (2.42)$$

$$\text{und} \quad \delta(cx) = \frac{1}{|c|} \delta(x). \qquad (2.43)$$

2)
$$g(x)\delta(x - x_0) = g(x_0)\delta(x - x_0). \qquad (2.44)$$

Es folgt außerdem:

$$x\delta(x - x_0) = x_0\delta(x - x_0) \qquad (2.45)$$

$$\text{und} \quad x\delta(x) = 0. \qquad (2.46)$$

3)
$$\int_{-\infty}^{\infty} dx\delta(x - y)\delta(x - z) = \delta(y - z). \qquad (2.47)$$

4)

$$\int_{-\infty}^{\infty} dx f(x)\delta'(x - x_0) = -f'(x_0). \tag{2.48}$$

Die häufigste Anwendung wird die Delta-Funktion in dieser Arbeit im Zusammenhang mit der Fourier-Transformation haben. Daher wollen wir an dieser Stelle schon einmal wie Cohen-Tannoudji u. a. (1999) die Fourier-Transformierte der Delta-Funktion $f(x) = \delta(x - x_0)$ berechnen:

$$\tilde{f}(k) = \frac{1}{\sqrt{2\pi}} \int_{-\infty}^{\infty} dx \delta(x - x_0) e^{-ikx} = \frac{1}{\sqrt{2\pi}} e^{-ikx_0}. \tag{2.49}$$

Insbesondere gilt für den physikalisch oft relevanten Fall, dass zum Zeitpunkt $t = 0$ ein Delta-Signal auf ein Objekt wirkt:

$$\tilde{g}(\omega) = \frac{1}{\sqrt{2\pi}}, \text{ mit } g(t) = \delta(t). \tag{2.50}$$

Die inverse Fourier-Transformation ergibt die folgende Darstellung der Delta-Funktion:

$$\delta(x - x_0) = \frac{1}{2\pi} \int_{-\infty}^{\infty} dk e^{ik(x - x_0)}. \tag{2.51}$$

2.5 Komplexe Integration

Viele Rücktransformationen der Fourier-Transformation sind nicht einfach durchzuführen. Beim Lösen von Differentialgleichungen behelfen wir uns dann oft mit dem Trick der komplexen Integration, was in diesem Abschnitt erläutert wird. Die Grundlage dafür findet sich in Jänich (2001), wo auch die Beweise zu den Sätzen nachgelesen werden können.

Zunächst einmal ist festzustellen, dass sich eine komplexe Funktion $f(z)$ als eine Kurve in der Gauß'schen Ebene darstellen beziehungsweise interpretieren lässt. Daher kann das komplexe Integral als ein Kurvenintegral im $\mathbb{R}^2$ aufgefasst werden und es ergibt sich

$$\int_\gamma dz f(z) := \int_a^b dt f(\gamma(t))\dot{\gamma}(t), \tag{2.52}$$

wobei γ die stetig differenzierbare Parametrisierung der Kurve von $f(z)$ darstellt mit dem Startpunkt $\gamma(a)$ und dem Endpunkt $\gamma(b)$. Wollen wir einen geknickten Weg integrieren, finden wir also keine durchgängig stetig differenzierbare Parametrisierung γ sondern nur stetig differenzierbare Teilkurven γ_k mit $\gamma(a) = \gamma_1(t_0)$, $\gamma_n(t_n) = \gamma(b)$ und $\gamma_k(t_k) = \gamma_{k+1}(t_k)$, $k \in \{1, \ldots, n-1\}$, so gilt:

$$\int_\gamma dz\, f(z) = \sum_{k=1}^n \int_{\gamma_k} dz\, f(z). \qquad (2.53)$$

Unabhängig davon, ob γ eine durchgängig oder stückweise stetig differenzierbare Parametrisierung der Kurve ist, gilt immer

$$\int_\gamma dz\, f(z) = F(\gamma(b)) - F(\gamma(a)), \qquad (2.54)$$

wenn f eine Stammfunktion F besitzt, weil sich die Beiträge an den Knickstellen im Zweifel aufheben.

Betrachten wir geschlossene Integrationswege, also $\gamma(a) = \gamma(b)$, so verwenden wir das Zeichen $\oint$ für die Integration über einen geschlossenen Weg statt des normalen Integrationszeichens $\int$. Wir sehen sofort, dass aus Gl. (2.54) folgt:

$$\oint_\gamma dz\, f(z) = 0, \qquad (2.55)$$

wenn f eine Stammfunktion F besitzt und der geschlossene Weg γ eine wichtige zusätzliche Eigenschaft erfüllt.

Gleichung (2.55) ist schon fast der Cauchy'sche Integralsatz, allerdings müssen wir noch ausarbeiten, was die „wichtige zusätzliche Eigenschaft" ist, die der geschlossene Weg γ erfüllen muss, damit Aussage (2.55) gilt.

Wir beginnen dazu mit der Betrachtung des Definitionsbereichs der komplexen Funktion $f(z)$, die wir integrieren möchten. Allgemein können wir sagen, sie ist auf einem Gebiet $G \subset \mathbb{C}$ definiert. Dann muss γ eine geschlossene (mindestens) stückweise differenzierbare

Kurve in G sein. Nun kommt es vor, dass G ein Gebiet der Form ist, welches, anschaulich gesagt, Löcher enthält. Das bedeutet: es gibt Punkte oder Bereiche, die nicht im Definitionsbereich von f liegen, also nicht in G sind, aber auf allen Seiten von Punkten eingeschlossen werden, die in G liegen. Diese Punkte oder Bereiche bezeichnen wir als Singularitäten. Insbesondere bezeichnen wir einzelne Punkte $z_0 \notin G$, die komplett umschlossen werden, als isolierte Singularitäten.

Beispiel 3 (Singularität). *Wir betrachten zur Veranschaulichung des Begriffs der Singularität die Funktion*

$$f(z) = \frac{1}{z(z-i)(z+i)} \tag{2.56}$$

mit Definitionsbereich $G = \mathbb{C}\backslash\{0, -i, +i\}$. Das bedeutet: alle Elemente der komplexen Ebene liegen in G außer $\{0, -i, +i\}$. Bei diesen Punkten handelt es sich also um isolierte Singularitäten, da sie alle komplett von Elementen aus G umschlossen werden.

Beim Integrieren treten nun Probleme auf, wenn solche Singularitäten im Inneren der geschlossenen Kurve γ liegen. Aus diesem Grund müssen alle nicht zu G gehörigen Punkte außerhalb von dem von γ eingeschlossenen Bereich, also im Außenbereich, liegen, damit Gl. (2.55) gilt. Damit haben wir die „wichtige zusätzliche Eigenschaft", die der geschlossene Weg γ erfüllen muss, gefunden und fassen alles noch einmal im Cauchy'schen Integralsatz zusammen:

Satz 2 (Cauchy'scher Integralsatz). *Sei $f : G \to \mathbb{C}$ eine analytische Funktion und γ eine geschlossene stückweise stetig differenzierbare Kurve in G. Wenn dann alle nicht zu G gehörigen Punkte im Außengebiet von γ liegen, so gilt:*

$$\oint_\gamma dz f(z) = 0. \tag{2.57}$$

Weil Gl. (2.53) nach wie vor gilt, können wir das bekannte Integral über einen geschlossenen Weg in eine Summe aus Integralen über

Teilwege aufteilen. So ist es möglich, ein nicht direkt berechenbares Integral über einen Teilweg zu berechnen, wenn das Integral über den Restweg bekannt ist.

In der Praxis haben wir jedoch oft mit Funktionen zu tun, bei denen wir den Cauchy'schen Integralsatz nicht anwenden können, weil es isolierte Singularitäten im Innenbereich von γ gibt. Deshalb benötigen wir den Residuensatz.

Satz 3 (Residuensatz). *Ist $f(z)$ analytisch in G bis auf isolierte Singularitäten, ist γ eine einfach geschlossene stückweise stetig differenzierbare Kurve in G, die keine Singularitäten trifft, deren Innengebiet ganz in G liegt und deren Durchlaufrichtung so ist, dass das Innengebiet links von der Kurve liegt, dann ist*

$$\frac{1}{2\pi i} \oint_\gamma dz f(z) = \sum_{z_k \ im \ Innengebiet} Res_{z_k} f. \qquad (2.58)$$

Wir können das Residuum $Res_{z_k} f$ für die innere isolierte Singularität z_k allgemein durch Ableiten bestimmen:

$$Res_{z_k} f = \frac{1}{(m-1)!} \frac{d^{m-1}}{dz^{m-1}} (z - z_k)^m f(z) \bigg|_{z=z_k}. \qquad (2.59)$$

Wenn $f(z) = \dfrac{g(z)}{h(z)}$ mit $g(z_k) \neq 0$ und h eine **einfache** Nullstelle in z_k hat, gilt

$$Res_{z_k} f = \frac{g(z_k)}{h'(z_k)}. \qquad (2.60)$$

3 Gewöhnliche Differentialgleichungen

Um der Wortherkunft der Physik gerecht zu werden, schauen wir uns die Natur an und versuchen diese durch Gesetze zu beschreiben. Allerdings ändert sich die Natur ständig mit der Zeit. Wir möchten demnach diese Änderungen möglichst genau beschreiben und untersuchen, sodass wir im Optimalfall zuverlässige Vorhersagen für den Zustand der Natur in der Zukunft treffen können. Umgekehrt können wir aber auch den aktuellen Zustand der Natur analysieren und mit Hilfe gefundener Gesetzmäßigkeiten Rückschlüsse auf die Vergangenheit ziehen. Dabei haben alle diese Forschungsgebiete die Gemeinsamkeit, dass zur mathematischen Beschreibung einer Änderung sogenannte Differentiale verwendet werden. So ergeben sich für die physikalischen Gesetze Differentialgleichungen, durch deren Lösung wir letztendlich Aussagen über die Veränderung der Natur treffen können. Wegen dieses zentralen Aspekts der Differentialgleichungen in der Physik betrachten wir in diesem Kapitel gewöhnliche Differentialgleichungen, mit Hilfe derer wir Aussagen über die Veränderung der Natur im Laufe der Zeit treffen können.

3.1 Was ist eine gewöhnliche Differentialgleichung?

In diesem Abschnitt werden grundlegende Definitionen festgelegt, durch die Differentialgleichungen genauer klassifiziert werden, sodass sie nach diesen Definitionsmerkmalen geordnet werden können. Im Abschnitt 3.2 werden dann am Beispiel des harmonischen Oszillators Lösungsmethoden für gewisse Differentialgleichungsklassen erläutert.

© Der/die Herausgeber bzw. der/die Autor(en), exklusiv lizenziert durch Springer Fachmedien Wiesbaden GmbH, ein Teil von Springer Nature 2020
E. M. Hickmann, *Differentialgleichungen als zentraler Bestandteil der theoretischen Physik*, BestMasters, https://doi.org/10.1007/978-3-658-29898-2_3

Definition 7 (Gewöhnliche Differentialgleichung). *Wir bezeichnen eine Gleichung, die* **eine** *unabhängige Variable (x) und eine abhängige Variable (y(x)) sowie Ableitungen der abhängigen Variable nach der unabhängigen $(y'(x), y''(x), \ldots, y^{(n)}(x))$ enthält, als gewöhnliche Differentialgleichung. Wir schreiben sie implizit*

$$F\left[y^{(n)}(x), \ldots, y''(x), y'(x), y(x), x\right] = 0 \qquad (3.1)$$

und explizit

$$y^{(n)}(x) = \tilde{F}\left[y^{(n-1)}(x), \ldots, y''(x), y'(x), y(x), x\right] \qquad (3.2)$$

nach der höchsten vorkommenden Ableitung aufgelöst (vgl. Elmer (1997)).

Definition 8 (Ordnung). *Als die Ordnung n einer Differentialgleichung bezeichnen wir die höchste Ordnung der in Gl. (3.1) vorkommenden Ableitung (vgl. Wong (1994)).*

Definition 9 (Lineare Differentialgleichung). *Eine Differentialgleichung heißt linear, wenn sie sich in der folgenden Form schreiben lässt:*

$$a_n(x)y^{(n)}(x) + a_{n-1}(x)y^{(n-1)}(x) + \cdots + a_1(x)y'(x) + a_0(x)y(x)$$
$$= f(x) \qquad (3.3)$$

(vgl. Elmer (1997)).

Es sei bemerkt, dass wir uns in diesem und dem folgenden Kapitel ausschließlich mit der Lösung von linearen Differentialgleichungen beschäftigen. Welche Probleme bei nichtlinearen Differentialgleichungen auftreten, betrachten wir später in Kapitel 5.

Definition 10 (Homogene und inhomogene Differentialgleichungen). *Eine Differentialgleichung heißt homogen, wenn alle Ausdrücke abhängig von der abhängigen Variablen (y(x)) sind. Sie heißt inhomogen, wenn es einen Ausdruck gibt, der unabhängig von der abhängigen Variable ist (vgl. Wong (1994)).*

Beispiel 4 (Gewöhnliche Differentialgleichungen in der Physik). *Nun betrachten wir zwei typische Beispiele für Differentialgleichungen in der Physik und charakterisieren diese mithilfe der vorangegangenen Definitionen:*

1) $\dfrac{d}{dt}N(t) = \lambda N(t)$

Es handelt sich hierbei um die Zerfallsgleichung des radioaktiven Zerfalls. Diese ist eine gewöhnliche, lineare und homogene Differentialgleichung erster Ordnung in expliziter Darstellung.

2) $\dfrac{d^2}{dt^2}x + 2\gamma\dfrac{d}{dt}x + \omega_0^2 x = f(t)$

Es handelt sich hierbei um die lineare Schwingungsgleichung, mit der wir uns in Abschnitt 3.2 noch genauer auseinandersetzen werden. Sie ist eine gewöhnliche, lineare, inhomogene Differentialgleichung zweiter Ordnung. Die Darstellung ist implizit.

Alle bis jetzt genannten Differentialgleichungen sind nicht eindeutig lösbar. Dazu bedarf es zusätzlich der Angabe von Anfangs- oder Randwerten:

Definition 11 (Anfangswertproblem). *Ein Anfangswertproblem ist gegeben durch eine Differentialgleichung der Ordnung n und n Anfangsbedingungen der Form $y(x_0) = y_0$, $y'(x_0) = y_1$, $\dots$, $y^{(n-1)}(x_0) = y_{n-1}$ (vgl. Furlan (2012b), Bronstein u. a. (2013)).*

Definition 12 (Randwertproblem). *Ein Randwertproblem ist gegeben durch eine Differentialgleichung der Ordnung n und n Randbedingungen y_0 , y_1 , $\dots$, y_n an mehreren Stellen des Definitionsbereichs (vgl. Bronstein u. a. (2013)).*

Zur Existenz und Eindeutigkeit von Lösungen von Differentialgleichungen sei festgehalten, dass sich jede explizite Differentialgleichung n-ter Ordnung in ein lösbares System von n Differentialgleichungen erster Ordnung

$$\frac{dy_i}{dx} = f_i(x, y_1, y_2, \dots, y_n) , \quad i = 1, 2, \dots, n,$$

überführen lässt. Dieses besitzt n linear unabhängige Lösungen und ist eindeutig lösbar bei n vorgegebenen Anfangsbedingungen, vorausgesetzt die Funktionen $f_i(x, y_1, y_2, \ldots, y_n)$, $i = 1, 2, \ldots, n$, sind bezüglich aller Variablen stetig und erfüllen die Lipschitz-Bedingung

$$|f_i(x, y_1 + \Delta y_1, y_2 + \Delta y_2, \ldots, y_n + \Delta y_n) - f_i(x, y_1, y_2, \ldots, y_n)|$$
$$\leq K(|\Delta y_1| + |\Delta y_2| + \cdots + |\Delta y_n|)$$

für eine gemeinsame Konstante K (vgl. Bronstein u. a. (2013)).

3.2 Der harmonische Oszillator

Wir betrachten hier die Schwingungsgleichung des harmonischen Oszillators, weil sie in verschiedenen Bereichen der Physik wie der Mechanik (Feder- oder Fadenpendel) oder der Elektrodynamik (elektromagnetischer Schwingkreis) eine zentrale Rolle spielt. Hinzu kommt, dass dieses Konzept gerade bezüglich Energiebetrachtungen laut rheinland-pfälzischem Lehrplan auch schon im Oberstufenunterricht behandelt wird (vgl. (Ministerium f. Bildung)). Dabei sollen auch die Analogien zwischen Mechanik und Elektrodynamik besprochen werden. Umsetzungen hierzu können in Schulbüchern wie dem Metzler (Grehn und Krause (2007)) oder dem Oberstufen-Gesamtband von Cornelsen (Diehl u. a. (2008)) nachgelesen werden. Während im Schulunterricht jedoch in der Regel die Lösung der Differentialgleichung vorgegeben und lediglich verifiziert wird, geht es in dieser Arbeit darum, die allgemeine Lösung für verschiedene Dämpfungs- und Antriebsfälle der Schwingungsgleichung zu finden.

Bevor wir uns die Gleichung′

$$\frac{d^2}{dt^2}x + 2\gamma\frac{d}{dt}x + \omega_0^2 x = f(t) \tag{3.4}$$

des angetriebenen, gedämpften harmonischen Oszillators repräsentativ für inhomogene, lineare, gewöhnliche Differentialgleichungen zweiter Ordnung anschauen, beschäftigen wir uns mit einfacheren Fällen der Schwingungsgleichung. Zunächst betrachten wir den idealisierten Fall

der freien Schwingung ohne Dämpfung, dann den Fall ohne äußeren
Antrieb aber mit Dämpfung und schließlich den kompliziertesten Fall
mit Dämpfung und Antrieb in verschiedenen Varianten.

3.2.1 Die freie Schwingung idealisiert

Ohne Antrieb und Dämpfung vereinfacht sich die allgemeine Schwingungsgleichung (3.4) zu

$$\frac{d^2}{dt^2}x(t) + \omega_0^2 x(t) = 0. \tag{3.5}$$

Deren Lösung können wir nach Korsch (2004) sofort erraten, da
die Lösung zweimal differenziert sich selbst mit dem Vorfaktor $-\omega_0^2$
ergeben muss. Wir wählen daher einen der beiden folgenden Ansätze:

$$1)\ x(t) = Ae^{i\omega_0 t} + Be^{-i\omega_0 t},\ A, B \in \mathbb{C} \tag{3.6}$$

$$2)\ x(t) = a\cos(\omega_0 t) + b\sin(\omega_0 t),\ a, b \in \mathbb{R}. \tag{3.7}$$

Diese Ansätze folgen aus dem Superpositionsprinzip, das besagt, dass
die allgemeine Lösung einer linearen Differentialgleichung aus der Linearkombination aller linear unabhängigen Lösung besteht. In diesem
Fall lassen sich die linear unabhängigen Lösungen auf die beiden Arten

$$1)\ x_1(t) = e^{i\omega_0 t},\ x_2(t) = e^{-i\omega_0 t}$$

$$2)\ x_1(t) = \cos(\omega_0 t),\ x_2(t) = \sin(\omega_0 t)$$

darstellen, weshalb sich die oben genannten Lösungsansätze als Linearkombination daraus ergeben. Der große Unterschied zwischen
den beiden Ansätzen ist, dass Ansatz (3.6) ein komplexer Ansatz ist,
während Ansatz (3.7) reell ist.

Inwiefern es Sinn macht, einen komplexen Lösungsansatz zur Lösung
einer reellen Differentialgleichung einzusetzen, wird später beleuchtet.
Wir werden zunächst mit dem reellen Ansatz weiterarbeiten, indem
wir dem Vorgehen von Korsch (2004) folgen und diesen Ansatz (3.7)
vereinfachen. Dazu stellen wir den Sinus als verschobenen Kosinus dar

$\left(\sin(a) = \cos\left(a + \frac{\pi}{2}\right) \right)$ und fassen die Konstanten a und b zusammen, indem wir statt $\frac{\pi}{2}$ einen beliebigen Verschiebungswinkel $\alpha \in [0, \pi)$ und einen neuen Vorfaktor $A \in \mathbb{R}$ verwenden. So ergibt sich als weiterentwickelter Ansatz:

$$x(t) = A\cos(\omega_0 t + \alpha). \tag{3.8}$$

Dieser Lösungsansatz ist nun deutlich kompakter als Gl. (3.7). Zudem hat er den Vorteil, dass sofort die Amplitude A, also die größte Auslenkung, und die Phasenverschiebung α, die die Verschiebung der Schwingung bezüglich des Zeitpunkts $t = 0$ angibt, abgelesen werden können. Außerdem ergibt sich aus Gl. (3.8) durch Ableiten nach der Zeit als einfacher Zusammenhang zwischen (dem Betrag) der maximalen Geschwindigkeit und der Amplitude: $v_{max} = \omega_0 |A|$. Zur Veranschaulichung sind in Abbildung 3.1 zwei konkrete Anfangswertprobleme mit gleichem Wert für ω_0 dargestellt.

Allerdings ist es häufig sinnvoller den komplexen Ansatz (3.6) mit den e-Funktionen zu wählen, da sich mit Exponentialfunktionen im Allgemeinen besser arbeiten lässt und wir sie zudem mithilfe der Euler-Formel in Sinus und Kosinus transformieren können (vgl. Korsch (2004)). Es mag sich die Frage stellen, warum überhaupt ein komplexer Ansatz möglich ist, obwohl wir hier später eine reelle Lösung erwarten. Diese beantwortet sich sehr schnell, wenn wir unsere komplexen Zahlen in ihren Real- und Imaginärteil aufteilen. Genauso teilen wir unsere Differentialgleichung und unsere Anfangsbedingungen in Real- und Imaginärteil auf. So bekommen wir zwei Differentialgleichungen (eine reelle und eine imaginäre) mit jeweils zwei (reellen bzw. imaginären) Anfangsbedingungen. Diese können wir dann getrennt lösen und stellen fest, dass sich Real- und Imaginärteil der komplexen Konstanten A und B so einstellen, dass die Lösung immer reell ist.

Wir werden nun kurz verifizieren, dass beide Ansätze tatsächlich die Differentialgleichung lösen, um festzuhalten, dass es im Fall der freien Schwingung ohne Dämpfung egal ist, welchen der beiden Lösungsansätze wir verwenden. Betrachten wir zuerst (3.6) und leiten $x(t)$ zweimal nach der Zeit ab und setzen das Ergebnis in (3.5) ein, so folgt:

$$\frac{d}{dt}x(t) = i\omega_0 A e^{i\omega_0 t} - i\omega_0 B e^{-i\omega_0 t}$$

$$\frac{d^2}{dt^2}x(t) = -\omega_0^2 A e^{i\omega_0 t} - \omega_0^2 B e^{-i\omega_0 t}$$

$$-\omega_0^2 A e^{i\omega_0 t} - \omega_0^2 B e^{-i\omega_0 t} + \omega_0^2 \left(A e^{i\omega_0 t} + B e^{-i\omega_0 t}\right) = 0 \qquad (3.9)$$

und wir sehen, dass Gl. (3.5) erfüllt ist. Die Koeffizienten A und B müssen nun mit den gegebenen Anfangs- bzw. Randbedingungen bestimmt werden.

Ebenso verfahren wir mit Ansatz (3.7):

$$\frac{d}{dt}x(t) = -\omega_0 A \sin(\omega_0 t + \alpha)$$

$$\frac{d^2}{dt^2}x(t) = -\omega_0^2 A \cos(\omega_0 t + \alpha)$$

$$-\omega_0^2 A \cos(\omega_0 t + \alpha) + \omega_0^2 \left[A \cos(\omega_0 t + \alpha)\right] = 0. \qquad (3.10)$$

Demnach löst auch dieser Ansatz Gl. (3.5). Auch hier müssen die Koeffizienten A und α durch die gegebenen Anfangs- bzw. Randbedingungen bestimmt werden (vgl. Beispiel 5 beziehungsweise Abbildung 3.1).

Beispiel 5 (Anfangswertprobleme für die idealisierte Schwingung).

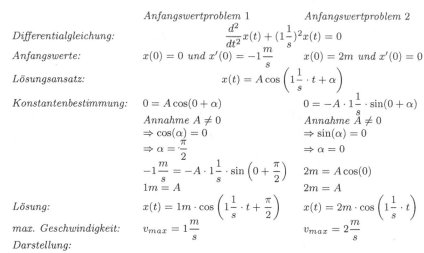

	Anfangswertproblem 1	*Anfangswertproblem 2*

Differentialgleichung:

$$\frac{d^2}{dt^2}x(t) + (1\tfrac{1}{s})^2 x(t) = 0$$

Anfangswerte: $x(0) = 0$ *und* $x'(0) = -1\dfrac{m}{s}$ $x(0) = 2m$ *und* $x'(0) = 0$

Lösungsansatz:

$$x(t) = A\cos\left(1\tfrac{1}{s}\cdot t + \alpha\right)$$

Konstantenbestimmung:

$0 = A\cos(0 + \alpha)$ $0 = -A\cdot 1\tfrac{1}{s}\cdot \sin(0 + \alpha)$

Annahme $A \neq 0$ *Annahme* $A \neq 0$

$\Rightarrow \cos(\alpha) = 0$ $\Rightarrow \sin(\alpha) = 0$

$\Rightarrow \alpha = \dfrac{\pi}{2}$ $\Rightarrow \alpha = 0$

$-1\dfrac{m}{s} = -A\cdot 1\tfrac{1}{s}\cdot \sin\left(0 + \dfrac{\pi}{2}\right)$ $2m = A\cos(0)$

$1m = A$ $2m = A$

Lösung: $x(t) = 1m\cdot \cos\left(1\tfrac{1}{s}\cdot t + \dfrac{\pi}{2}\right)$ $x(t) = 2m\cdot \cos\left(1\tfrac{1}{s}\cdot t\right)$

max. Geschwindigkeit: $v_{max} = 1\dfrac{m}{s}$ $v_{max} = 2\dfrac{m}{s}$

Darstellung:

Auslenkung x in m

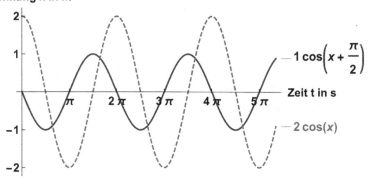

Abbildung 3.1: Anfangswertprobleme für die idealisierte Schwingung

3.2.2 Die freie Schwingung mit Dämpfung

Nun wagen wir uns an die etwas schwierigere Differentialgleichung

$$\frac{d^2}{dt^2}x(t) + 2\gamma\frac{d}{dt}x(t) + \omega_0^2 x(t) = 0 \qquad (3.11)$$

und verwenden wie Korsch (2004) den exponentiellen Lösungsansatz

$$x(t) = e^{\lambda t}, \text{ mit } \frac{d}{dt}x = \lambda x \text{ und } \frac{d^2}{dt^2}x = \lambda^2 x, \ \lambda \in \mathbb{C}. \qquad (3.12)$$

Im Gegensatz zum idealisierten Schwingungsfall führt nun der rein reelle Ansatz zu keiner Lösung, weshalb wir hier den komplexen Ansatz nutzen müssen.

Den Lösungsansatz (3.12) setzen wir in die Differentialgleichung (3.11) ein und erhalten:

$$(\lambda^2 + 2\gamma\lambda + \omega_0^2)e^{\lambda t} = 0. \qquad (3.13)$$

Da $e^{\lambda t} \neq 0$ für alle $t \in \mathbb{R}$, muss gelten:

$$\lambda^2 + 2\gamma\lambda + \omega_0^2 = 0. \qquad (3.14)$$

Mit der pq-Formel erhalten wir für λ die folgenden Lösungen

$$\lambda_{1/2} = -\gamma \pm \sqrt{\gamma^2 - \omega_0^2}. \qquad (3.15)$$

Abhängig von den Werten für λ unterscheiden wir nach Korsch (2004) die drei Schwingungsarten. Dabei ist besonders der Term $\sqrt{\gamma^2 - \omega_0^2}$ entscheidend.

1) **Schwingfall:**

Für $\omega_0 > \gamma$ ist die Dämpfung relativ klein und es ergibt sich ein negativer Wert unter der Wurzel $\sqrt{\gamma^2 - \omega_0^2}$. Dieser führt dazu, dass $\lambda_{1/2}$ komplex wird. Der Oszillator schwingt dann mit der Frequenz

$$\omega_0' = \sqrt{\omega_0^2 - \gamma^2} < \omega_0 \qquad (3.16)$$

und für $\lambda_{1/2}$ ergibt sich

$$\lambda_{1/2} = -\gamma \pm i\omega_0'. \qquad (3.17)$$

Der Lösungsansatz für Gl. (3.11) für den Schwingfall ergibt sich dann aufgrund der Superposition der beiden Ansätze $x_{1/2} = e^{\lambda_{1/2}t}$ zu

$$x(t) = Ax_1(t) + Bx_2(t) = Ae^{-\gamma t + i\omega_0' t} + Be^{-\gamma t - i\omega_0' t}$$
$$= e^{-\gamma t}\left(Ae^{i\omega_0' t} + Be^{-i\omega_0' t}\right), \qquad (3.18)$$

wobei $A, B \in \mathbb{C}$.

Beispiel 6. *Um den Schwingfall zu verdeutlichen, wollen wir beispielhaft die Lösung des Anfangswertproblems*

$$\frac{d^2}{dt^2}x(t) + 2 \cdot \left(\frac{1}{2}\frac{1}{s}\right)\frac{d}{dt}x(t) + \left(1\frac{1}{s}\right)^2 x(t) = 0, \ x(0) = 1m, \ x'(0) = 0$$
(3.19)

angeben und im Koordinatensystem darstellen. Wir wählten $\gamma = \frac{1}{2}\frac{1}{s} < \omega_0 = 1\frac{1}{s}$, *sodass der Schwingfall mit* $\omega_0' = \sqrt{\omega_0^2 - \gamma^2} = \frac{\sqrt{3}}{2}\frac{1}{s}$ *vorliegt. Eingesetzt in den Lösungsansatz (3.18) ergibt sich:*

$$x(t) = e^{-\frac{1}{2s}t}\left(Ae^{i\frac{\sqrt{3}}{2s}t} + Be^{-i\frac{\sqrt{3}}{2s}t}\right).$$
(3.20)

Nun bestimmen wir mithilfe der Anfangsbedingungen die komplexen Konstanten A und B:

$$x(0) = A + B = 1m \Rightarrow B = 1m - A$$

$$\frac{d}{dt}x(t) = -\frac{1}{2}\frac{1}{s} \cdot e^{-\frac{1}{2}\frac{1}{s}t}\left(Ae^{i\frac{\sqrt{3}}{2}\frac{1}{s}t} + Be^{-i\frac{\sqrt{3}}{2}\frac{1}{s}t}\right)$$
$$+ e^{-\frac{1}{2}\frac{1}{s}t}\left(i\frac{\sqrt{3}}{2}\frac{1}{s} \cdot Ae^{i\frac{\sqrt{3}}{2}\frac{1}{s}t} - i\frac{\sqrt{3}}{2}\frac{1}{s}Be^{-i\frac{\sqrt{3}}{2}\frac{1}{s}t}\right)$$

$$\frac{d}{dt}x(0) = -\frac{1}{2}\frac{1}{s}(A + B) + i\left(\frac{\sqrt{3}}{2}\frac{1}{s}A - \frac{\sqrt{3}}{2}\frac{1}{s}B\right)$$

$$\overset{B=1m-A}{=} -\frac{1}{2}\frac{m}{s} + i\left(\sqrt{3}\frac{1}{s}A - \frac{\sqrt{3}}{2}\frac{m}{s}\right) = 0$$

$$\Leftrightarrow \frac{1}{2}\frac{m}{s} + i\frac{\sqrt{3}}{2s}m = i\frac{\sqrt{3}}{s}A$$
$$\Leftrightarrow \frac{1}{2}m - i\frac{1}{2\sqrt{3}}m = A$$

$$\Rightarrow B = 1m - A = \frac{1}{2}m + i\frac{1}{2\sqrt{3}}m.$$

Als Lösung für unser Anfangswertproblem (3.19) ergibt sich also

$$x(t) = e^{-\frac{1}{2s}t} \left[\left(\frac{1}{2}m - i\frac{1}{2\sqrt{3}}m \right) e^{i\frac{\sqrt{3}}{2s}t} + \left(\frac{1}{2}m + i\frac{1}{2\sqrt{3}}m \right) e^{-i\frac{\sqrt{3}}{2s}t} \right].$$

$$(3.21)$$

Wir zeigen nun, dass diese Lösung reell ist. Dazu nutzen wir die Darstellungsweisen

$$\cos(x) = \frac{1}{2}(e^{ix} + e^{-ix}) \tag{3.22}$$

$$\sin(x) = -i\frac{1}{2}(e^{ix} - e^{-ix}), \tag{3.23}$$

um die Lösung umzuschreiben zu:

$$x(t) = e^{-\frac{1}{2s}t} \left\{ \left[\frac{1}{2}m \left(e^{i\frac{\sqrt{3}}{2s}t} + e^{-i\frac{\sqrt{3}}{2s}t} \right) \right] \right.$$

$$\left. - i \left[\frac{1}{2}\frac{1}{\sqrt{3}}m \left(e^{i\frac{\sqrt{3}}{2s}t} - e^{-i\frac{\sqrt{3}}{2s}t} \right) \right] \right\}$$

$$= e^{-\frac{1}{2s}t} \left[\cos \left(\frac{\sqrt{3}}{2s}t \right) m + \sin \left(\frac{\sqrt{3}}{2s}t \right) \cdot \frac{1}{\sqrt{3}}m \right]. \tag{3.24}$$

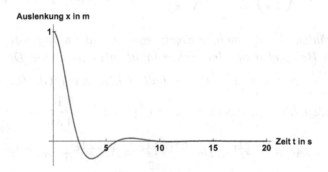

Abbildung 3.2: Beispieldarstellung zum Schwingfall

Diese (reelle) Lösung stellen wir mit Mathematica dar und erhalten Abbildung 3.2.

2) **Kriechfall:**

Wenn $\omega_0 < \gamma$, dominiert die Dämpfung. $\lambda_{1/2}$ ist rein reell und es kommt insbesondere zu keiner Schwingung mehr. Wir schreiben die Lösung mithilfe von

$$\zeta = \sqrt{\gamma^2 - \omega_0^2} > 0 \tag{3.25}$$

als

$$x(t) = Ae^{-\gamma t + \zeta t} + Be^{-\gamma t - \zeta t} = e^{-\gamma t}\left(Ae^{\zeta t} + Be^{-\zeta t}\right). \tag{3.26}$$

Es sei bemerkt, dass beide Terme von Gl. (3.26) zu einem exponentiellen Abfall führen, da $\gamma, \zeta, \omega_0 > 0$ und

$$-\gamma + \zeta = -\gamma + \sqrt{\gamma^2 - \omega_0^2} \le -\gamma + \gamma - \omega_0 = -\omega_0 < 0.$$

Beispiel 7. *Um den Kriechfall zu veranschaulichen, werden wir nun das folgende Anfangswertproblem lösen und in einem Koordinatensystem darstellen:*

$$\frac{d^2}{dt^2}x(t) + 2\cdot\left(\frac{5}{4}\frac{1}{s}\right)\frac{d}{dt}x(t) + \left(1\frac{1}{s}\right)^2 x(t) = 0, \ x(0) = 1m, \ x'(0) = 0.$$
$$\tag{3.27}$$

Wir wählen also die gleiche Eigenfrequenz und Anfangsbedingungen wie in Beispiel 6 für den Schwingfall, aber nun eine Dämpfung $\gamma = \dfrac{5}{4}\dfrac{1}{s} > \omega_0 = 1\frac{1}{s}$. *Wir erhalten also nach Gl. (3.26) den folgenden Lösungsansatz mit* $\zeta = \sqrt{\gamma^2 - \omega_0^2} = \dfrac{3}{4}\dfrac{1}{s}$:

$$x(t) = Ae^{-\frac{5}{4}\frac{1}{s}t + \frac{3}{4}\frac{1}{s}t} + Be^{-\frac{5}{4}\frac{1}{s}t - \frac{3}{4}\frac{1}{s}t} = Ae^{-\frac{1}{2}\frac{1}{s}t} + Be^{-2\frac{1}{s}t}. \tag{3.28}$$

Nun bestimmen wir die reellen Konstanten A und B mit Hilfe der vorgegebenen Anfangswerte:

$$x(0) = A + B = 1m \Rightarrow B = 1m - A$$

$$\frac{d}{dt}x(t) = -\frac{1}{2}\frac{1}{s}Ae^{-\frac{1}{2}\frac{1}{s}t} - 2\frac{1}{s}Be^{-2\frac{1}{s}t}$$

$$\frac{d}{dt}x(0) = -\frac{1}{2}\frac{1}{s}A - 2\frac{1}{s}B$$

$$\stackrel{B=1m-A}{=} -\frac{1}{2}\frac{1}{s}A - 2\frac{m}{s} + 2\frac{1}{s}A$$

$$= -2\frac{m}{s} + \frac{3}{2}\frac{1}{s}A = 0$$

$$\Rightarrow A = \frac{4}{3}m, \; B = -\frac{1}{3}m$$

Wir setzen die gefundenen Konstanten in unseren Ansatz (3.28) ein und erhalten als Lösung

$$x(t) = \frac{4}{3}me^{-\frac{1}{2}\frac{1}{s}t} - \frac{1}{3}me^{-2\frac{1}{s}t}. \tag{3.29}$$

Die dargestellte Lösung im Koordinatensystem kann in Abbildung 3.3 angeschaut werden.

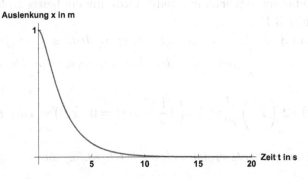

Abbildung 3.3: Beispieldarstellung zum Kriechfall

3) Aperiodischer Grenzfall

Für $\gamma = \omega_0$ fällt die Wurzel $\sqrt{\gamma^2 - \omega_0^2}$ weg und es liegt ein Grenzfall zwischen den beiden zuvor betrachteten Fällen vor. Wie im Kriechfall ist $\lambda_{1/2} = \lambda$ rein reell, sodass es zu keiner Schwingung kommt. Weiter haben wir zunächst nur die eine Lösung

$$x_1(t) = e^{-\gamma t}. \tag{3.30}$$

Nach Kallenrode (2005) löst jedoch auch

$$x_2(t) = te^{-\gamma t} \tag{3.31}$$

die Differentialgleichung mit

$$\frac{d}{dt}x_2(t) = (1 - \gamma t)e^{-\gamma t}$$

$$\frac{d^2}{dt^2}x_2(t) = (-\gamma - \gamma(1 - \gamma t))e^{-\gamma t} = (-2\gamma + \gamma^2 t)e^{-\gamma t}.$$

Somit ist
$$x(t) = ax_1(t) + bx_2(t) = (a + bt)e^{-\gamma t} \tag{3.32}$$

die gesuchte Lösung für den aperiodischen Grenzfall mit zwei freien Parametern, die nötig sind, um ein Anfangswertproblem einer Differentialgleichung zweiter Ordnung eindeutig zu lösen (vgl. Abschnitt 3.1).

Beispiel 8. *In diesem Beispiel zum aperiodischen Grenzfall wählen wir* $\gamma = \omega_0 = 1\frac{1}{s}$ *und bearbeiten das Anfangswertproblem*

$$\frac{d^2}{dt^2}x(t) + 2 \cdot \left(1\frac{1}{s}\right)\frac{d}{dt}x(t) + \left(1\frac{1}{s}\right)^2 x(t) = 0, \ x(0) = 1m, \ x'(0) = 0. \tag{3.33}$$

Der Lösungsansatz ergibt sich nach Gl. (3.32) zu

$$x(t) = (a + bt)e^{-1\frac{1}{s}t} \tag{3.34}$$

und wir bestimmen die reellen Koeffizienten a und b durch die Anfangsbedingungen:

$$x(0) = a = 1m$$

$$\frac{d}{dt}x(t) = be^{-1\frac{1}{s}t} - 1\frac{1}{s}(a + bt)$$

$$\frac{d}{dt}x(0) = b - a \cdot \frac{1}{s} \overset{a=1m}{=} b - 1\frac{m}{s} = 0$$

$$\Leftrightarrow b = 1\frac{m}{s}.$$

Die Lösung für unser Anfangswertproblem (3.33) ergibt sich also zu

$$x(t) = \left(1m + 1\frac{m}{s} \cdot t\right)e^{-1\frac{1}{s}t} \qquad (3.35)$$

und wird in Abbildung 3.4 im Koordinatensystem dargestellt.

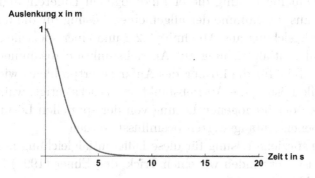

Abbildung 3.4: Beispieldarstellung zum aperiodischen Grenzfall

3.2.3 Die inhomogene Schwingungsgleichung

Wenn wir den vorangegangen Abschnitt noch einmal überdenken, fällt auf, dass wir von der Existenz einer Schwingung mit Dämpfung ausgegangen sind, obwohl wir aus dem realen Leben wissen, dass es dafür immer eine Ursache geben muss. Eine Schwingung existiert nicht einfach so, sondern sie muss irgendwie angeregt werden.

Anschaulich bedeutet das beispielsweise, dass wir den Klang einer
Stimmgabel (=Schwingung) erst wahrnehmen können, nachdem wir
sie angeschlagen (=Anregung) haben. Das physikalische Prinzip, welches sich dahinter verbirgt, ist das Kausalitätsprinzip. Es besagt, dass
alles eine Ursache in der Vergangenheit haben muss (vgl. Wachter
und Hoeber (1998)).

Also wollen wir in diesem Abschnitt einen Schritt weiter gehen und
die inhomogene Schwingungsgleichung (3.4)

$$\frac{d^2}{dt^2}x + 2\gamma\frac{d}{dt}x + \omega_0^2 x = f(t)$$

mit einer beliebigen Antriebsfunktion $f(t)$ betrachten. Diese Antriebsfunktion stellt die Ursache unserer Schwingung dar. Wir werden sie
erst später in den Abschnitten 3.3.1 und 3.3.2 spezifizieren.

Die allgemeine Lösung dieser inhomogenen Differentialgleichung
setzt sich aus der Summe der allgemeinen Lösung für die homogene
Differentialgleichung aus Abschnitt 3.2.2 und einer speziellen Lösung
für die Differentialgleichung mit Antriebsfunktion zusammen. Dabei
sind beide Teile für die Lösung des Anfangswertproblems wichtig, da
die spezielle Lösung die Antriebsfunktion berücksichtigt, während die
Konstanten der homogenen Lösung von der speziellen Lösung sowie
den gegebenen Anfangswerten beeinflusst werden.

Da eine spezielle Lösung für diese Differentialgleichung nur schwer
zu finden ist, verwenden wir einen Trick, den Elmer (1997) kurz und
knapp in Abbildung 3.5 beschreibt.

Anstatt die Differentialgleichung direkt zu lösen, stellen wir alle
Funktionen mit Hilfe ihrer Fourier-Transformierten dar. Dies führt uns
aufgrund der oben beschriebenen Ableitungseigenschaft (2.36) zu einer
algebraischen Gleichung für die Transformierten. Diese algebraische
Gleichung lösen wir und kommen schließlich durch Rücktransformation
der transformierten Lösung auf die gesuchte Lösung. Wir werden
jedoch schnell feststellen, dass diese Rücktransformationen in der
Regel kompliziert sind.

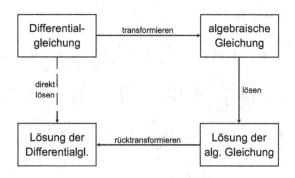

Abbildung 3.5: Schema zur Lösung einer Differentialgleichung durch Fourier-Transformation aus Elmer (1997)

In diesem Beispiel der Schwingungsgleichung orientieren wir uns am Vorgehen von Kusse und Westwig (2006), wobei hier mehr Zwischenschritte notiert werden.

Beginnen wir also damit, die Funktionen $x(t)$ und $f(t)$ durch ihre Fourier-Transformierten im Frequenzraum darzustellen:

$$x(t) = \frac{1}{\sqrt{2\pi}} \int_{-\infty}^{\infty} d\omega \, \tilde{x}(\omega) e^{-i\omega t} \tag{3.36}$$

$$f(t) = \frac{1}{\sqrt{2\pi}} \int_{-\infty}^{\infty} d\omega \, \tilde{f}(\omega) e^{-i\omega t}. \tag{3.37}$$

Diese Darstellungen setzen wir nun in Gl. (3.4) ein und führen einige Umformungen durch:

$$\frac{d^2}{dt^2}\Big(\frac{1}{\sqrt{2\pi}}\int_{-\infty}^{\infty}d\omega\,\tilde{x}(\omega)e^{-i\omega t}\Big) + 2\gamma\frac{d}{dt}\Big(\frac{1}{\sqrt{2\pi}}\int_{-\infty}^{\infty}d\omega\,\tilde{x}(\omega)e^{-i\omega t}\Big)$$

$$+\,\omega_0^2\Big(\frac{1}{\sqrt{2\pi}}\int_{-\infty}^{\infty}d\omega\,\tilde{x}(\omega)e^{-i\omega t}\Big) = \frac{1}{\sqrt{2\pi}}\int_{-\infty}^{\infty}d\omega\,\tilde{f}(\omega)e^{-i\omega t}$$

$$\Leftrightarrow \int_{-\infty}^{\infty}d\omega\,\tilde{x}(\omega)\Big(\frac{d^2}{dt^2}e^{-i\omega t} + 2\gamma\frac{d}{dt}e^{-i\omega t} + \omega_0^2 e^{-i\omega t}\Big)$$

$$= \int_{-\infty}^{\infty}d\omega\,\tilde{f}(\omega)e^{-i\omega t}$$

$$\Leftrightarrow \int_{-\infty}^{\infty}d\omega\Big[\tilde{x}(\omega)(-\omega^2 - 2i\gamma\omega + \omega_0^2) - \tilde{f}(\omega)\Big]e^{-i\omega t} = 0.$$

Wegen der Normerhaltung der Fourier-Transformation (vgl. Gl. (2.34)) muss die transformierte Gleichung null ergeben, wenn die ursprüngliche Gleichung schon null war. Daher gilt:

$$\tilde{x}(\omega)(-\omega^2 - 2i\gamma\omega + \omega_0^2) = \tilde{f}(\omega). \qquad (3.38)$$

Daraus ergibt sich die transformierte Lösung zu

$$\tilde{x}(\omega) = \frac{\tilde{f}(\omega)}{\omega_0^2 - 2i\gamma\omega - \omega^2} = -\frac{\tilde{f}(\omega)}{\omega^2 + 2i\gamma\omega - \omega_0^2}. \qquad (3.39)$$

An dieser Stelle beenden wir unsere allgemeinen Betrachtungen zum Finden einer speziellen Lösung für unsere inhomogene Schwingungsgleichung (3.4) zunächst. Wir haben schließlich schon eine Lösung gefunden, die „nur" noch zurück transformiert werden muss. Im nächsten Abschnitt werden wir die Green'sche Funktion für die Schwingungsgleichung bestimmen und mit ihrer Hilfe schließlich in den darauf folgenden Abschnitten spezielle Lösungen für gegebene Antriebsfunktionen finden.

3.3 Lösung der inhomogenen Schwingungsgleichung mit Hilfe der Green'schen Funktion

Die Idee der Green'schen Methode ist, dass wir zunächst eine (Green'-sche) Funktion G finden, die als Übertragungsfunktion zwischen Ur-sache und Wirkung dient. Hier in dem vorliegenden Beispiel muss sie also zwischen der Antriebsfunktion $f(t)$ (Ursache) und der gesuchten abhängigen Auslenkung $x(t)$ (Wirkung) vermitteln. Allerdings genügt es nach Wong (1994) eine Übertragungsfunktion $G(t, t')$ zu finden, die zwischen der Dirac'schen Delta-Funktion $\delta(t - t')$ und der gesuchten Funktion $x(t)$ vermittelt, da später jede beliebige Antriebsfunktion $f(t)$ als Überlagerung von Delta-Funktionen dargestellt werden kann. Schließlich haben solche Funktionen immer nur einen von null ver-schiedenen Wert für $t = t'$. Es sei bemerkt, dass unsere homogene Differentialgleichung translationsinvariant ist, also die Koeffizienten der einzelnen Terme $\frac{d^2}{dt^2}x$, $\frac{d}{dt}x$ und x nicht von der Zeit abhängen. Weiter gehen wir von einem linearen Zusammenhang zwischen Ursache und Wirkung aus, sodass wir beim harmonischen Oszillator mathe-matisch aufgeschrieben nach einer Funktion $G(t - t')$ statt $G(t, t')$ suchen, die

$$\left(\frac{d^2}{dt^2} + 2\gamma\frac{d}{dt} + \omega_0^2 \right) G(t - t') = \delta(t - t') \qquad (3.40)$$

erfüllt. Nach Wong (1994) können wir dann für alle Antriebsfunktionen $f(t)$ die spezielle Lösung

$$x(t) = \int_{-\infty}^{\infty} dt' G(t - t') f(t') \qquad (3.41)$$

finden.

Damit wir das Kausalitätsprinzip nicht verletzen, also keine Ursa-chen betrachten, die zeitlich erst nach dem Zeitpunkt t der Wirkung stattfinden, teilen wir unsere Green'sche Funktion später wie Wong (1994) auf in

$$G(t - t') = \begin{cases} G_>(t - t'), & t > t' \\ G_<(t - t'), & t < t' \end{cases} \text{ mit } G_>(0) = G_<(0). \qquad (3.42)$$

Zur Bestimmung unserer speziellen Lösung integrieren wir dann nur über alle früheren Zeiten $t' < t$ und erhalten mit

$$x(t) = \int_{-\infty}^{t} dt' G_>(t - t') f(t') \qquad (3.43)$$

die gesuchte spezielle Lösung.

Um die Green'sche Funktion jedoch zu finden, betrachten wir Gl. (3.41) und stellen fest, dass es sich bei dem Integral um eine Faltung handelt. Wir schreiben also Gl. (3.41) zunächst mit Gl. (2.38) zu

$$x(t) = \int_{-\infty}^{\infty} dt' G(t - t') f(t') = (f * G)(t) \qquad (3.44)$$

um und betrachten nun die Fourier-Transformierte von $x(t)$ unter Zuhilfenahme des Faltungssatzes (2.37). Es folgt:

$$\tilde{x}(\omega) = \sqrt{2\pi} \tilde{f}(\omega) \cdot \tilde{G}(\omega). \qquad (3.45)$$

Betrachten wir nun Gl. (3.39) aus dem vorherigem Abschnitt, so sehen wir:

$$\tilde{G}(\omega) = -\frac{1}{\sqrt{2\pi}(\omega^2 + 2i\gamma\omega - \omega_0^2)}. \qquad (3.46)$$

Umgekehrt bedeutet das, dass wir die Fourier-Transformierte der Green'schen Funktion erhalten können, indem wir die Fourier-Transformation auf die ganze Differentialgleichung anwenden, so wie wir es im Abschnitt 3.2.3 gemacht haben.

Nun bleibt uns noch $\tilde{G}(\omega)$ zurückzutransformieren. Nach Wong (1994) gilt:

$$G(t - t') = \frac{1}{\sqrt{2\pi}} \int_{-\infty}^{\infty} d\omega \tilde{G}(\omega) e^{-i\omega(t-t')}$$

$$= -\frac{1}{2\pi} \int_{-\infty}^{\infty} d\omega \frac{e^{-i\omega(t-t')}}{(\omega - \omega_1)(\omega - \omega_2)}, \qquad (3.47)$$

wobei

$$\omega_1 = -i\gamma + \sqrt{\omega_0^2 - \gamma^2} \tag{3.48}$$

$$\omega_2 = -i\gamma - \sqrt{\omega_0^2 - \gamma^2} \tag{3.49}$$

die Nullstellen von $\omega^2 + 2i\gamma\omega - \omega_0^2$ sind. Wir werden nun ausnutzen, dass die Polstellen der zu integrierenden Funktion in der unteren Hälfte der Gauß'schen Zahlenebene liegen und die komplexe Integration anwenden. Dabei betrachten wir beispielhaft den Schwingfall, sodass $\omega_0' = \sqrt{\omega_0^2 - \gamma^2} \in \mathbb{R}$. Die folgenden Berechnungen lassen sich aber auch für die anderen beiden Dämpfungsfälle durchführen. Es verschieben sich lediglich die Polstellen innerhalb der unteren Hälfte der komplexen Ebene im Vergleich zu den gleich folgenden Darstellungen.

Als Erstes benötigen wir eine passende Parametrisierung eines geschlossenen Weges in der komplexen Ebene. Wir wählen dazu wie Fritzsche (2009)

$$\alpha = \alpha_1 + \alpha_2 \tag{3.50}$$

$$\alpha_1 : [r, -r], \alpha_1(\xi) = \xi \tag{3.51}$$

$$\alpha_2 : [\pi, 2\pi], \alpha_2(\xi) = re^{i\xi}. \tag{3.52}$$

Dieser geschlossene Weg α stellt also einen Halbkreis in der unteren Hälfte der komplexen Ebene dar, der auf der reellen Achse liegt (vgl. Abbildung 3.6), wobei α_1 den Weg entlang der reellen Achse von r bis $-r$ beschreibt und α_2 den Kreisbogen mit Radius r, der von $-r$ nach r überstrichen wird. Um gleich unser Integral $\int_{-\infty}^{\infty}$ zu lösen, wenden wir dann den Grenzwert $r \to \infty$ an und bekommen mit α_1 ein Integral entlang der gesamten reellen Achse von ∞ bis $-\infty$, welches sich nur um das Vorzeichen $-$ von dem gesuchten Integral unterscheidet.

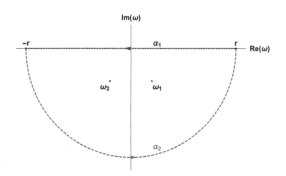

Abbildung 3.6: Parametrisierter Weg des unteren Halbkreises in der komplexen Ebene

Wir können die Parametrisierung von α_1 nun nutzen, um unsere gesuchte Green'sche Funktion aus Gl. (3.47) durch

$$G(t-t') = -\frac{1}{2\pi} \lim_{r\to\infty} \int_{-r}^{r} d\omega \frac{e^{-i\omega(t-t')}}{(\omega-\omega_1)(\omega-\omega_2)}$$

$$= \frac{1}{2\pi} \lim_{r\to\infty} \int_{r}^{-r} d\omega \frac{e^{-i\omega(t-t')}}{(\omega-\omega_1)(\omega-\omega_2)} \qquad (3.53)$$

auszudrücken mit dem Ziel, den Residuensatz (vgl. Gl. (2.58)) anzuwenden. Hier ergibt sich dafür:

$$\frac{1}{2\pi} \lim_{r\to\infty} \oint_{\alpha} d\omega \frac{e^{-i\omega(t-t')}}{(\omega-\omega_1)(\omega-\omega_2)}$$

$$= \frac{1}{2\pi} \lim_{r\to\infty} \int_{r}^{-r} d\omega \frac{e^{-i\omega(t-t')}}{(\omega-\omega_1)(\omega-\omega_2)}$$

$$+ \frac{1}{2\pi} \lim_{r\to\infty} \int_{\alpha_2} d\omega \frac{e^{-i\omega(t-t')}}{(\omega-\omega_1)(\omega-\omega_2)}$$

$$= 2\pi i \left(Res_{\omega_1} \frac{1}{2\pi} \frac{e^{-i\omega(t-t')}}{(\omega-\omega_1)(\omega-\omega_2)} + Res_{\omega_2} \frac{1}{2\pi} \frac{e^{-i\omega(t-t')}}{(\omega-\omega_1)(\omega-\omega_2)} \right).$$

$$(3.54)$$

Bevor wir jedoch die Residuen berechnen, betrachten wir zunächst das Integral über den Weg α_2 genauer:

$$I_{\alpha_2} = \frac{1}{2\pi} \lim_{r \to \infty} \int_{\alpha_2} d\omega \, \frac{e^{-i\omega(t-t')}}{(\omega - \omega_1)(\omega - \omega_2)}$$

$$= \frac{1}{2\pi} \lim_{r \to \infty} \int_{\pi}^{2\pi} d\xi \, \frac{e^{-ire^{i\xi}(t-t')}}{(re^{i\xi} - \omega_1)(re^{i\xi} - \omega_2)} \cdot ire^{i\xi}$$

$$\overset{\text{Fall(i):} a=t-t'>0}{=} \frac{1}{2\pi} \lim_{r \to \infty} \int_{\pi}^{2\pi} d\xi \, \frac{ire^{i\xi}}{(re^{i\xi})^2 - r(\omega_1 + \omega_2)e^{i\xi} + \omega_1\omega_2} \cdot e^{-ira[\cos(\xi) + i\sin(\xi)]}$$

$$= \frac{1}{2\pi} \int_{\pi}^{2\pi} d\xi \lim_{r \to \infty}$$

$$\left[i \cdot \underbrace{\frac{1}{(re^{i\xi}) - (\omega_1 + \omega_2) + \frac{\omega_1\omega_2}{re^{i\xi}}}}_{\substack{\to \infty \\ \to 0}} \cdot \underbrace{e^{-ira\cos(\xi)}}_{|\ |=1} \quad \underbrace{e^{ra\sin(\xi)}}_{\text{beschränkt, da } \sin(\xi) \leq 0 \text{ für } \xi \in [\pi, 2\pi]} \right]$$

$$= 0, \tag{3.55}$$

wobei wir den Limes nach Rudin (2005) in das Integral hineinziehen dürfen, weil ξ auf $[\pi, 2\pi]$ monoton wachsend ist und der Grenzwert im Inneren des Integrals gleichmäßig konvergiert.

Wir sehen also, dass das Integral über den Weg α_2 für den ersten Fall $t - t' > 0$ verschwindet. Den zweiten Fall $t - t' < 0$ betrachten wir später. Hier wollen wir nun Gl. (3.54) für den ersten Fall $t - t' > 0$ zu

$$G_>(t - t') \overset{(3.53)}{=} \frac{1}{2\pi} \lim_{r \to \infty} \int_{r}^{-r} d\omega \, \frac{e^{-i\omega(t-t')}}{(\omega - \omega_1)(\omega - \omega_2)}$$

$$= 2\pi i \left(Res_{\omega_1} \frac{1}{2\pi} \frac{e^{-i\omega(t-t')}}{(\omega - \omega_1)(\omega - \omega_2)} + Res_{\omega_2} \frac{1}{2\pi} \frac{e^{-i\omega(t-t')}}{(\omega - \omega_1)(\omega - \omega_2)} \right)$$

$$\tag{3.56}$$

vereinfachen und berechnen die Residuen der (einfachen) Polstellen (3.48) und (3.49) von $\dfrac{1}{2\pi}\dfrac{e^{-i\omega(t-t')}}{(\omega-\omega_1)(\omega-\omega_2)}$ mit Hilfe von Gl. (2.60):

$$Res_{\omega_k}\frac{1}{2\pi}\frac{e^{-i\omega(t-t')}}{(\omega-\omega_1)(\omega-\omega_2)}=\frac{g(\omega_k)}{h'(\omega_k)}$$

$$g(\omega)=\frac{1}{2\pi}e^{-i\omega(t-t')}$$

$$h(\omega)=\omega^2-\omega(\omega_1+\omega_2)+\omega_1\omega_2$$

$$h'(\omega)=2\omega-\omega_1-\omega_2$$

$$Res_{\omega_1}\frac{1}{2\pi}\frac{e^{-i\omega(t-t')}}{(\omega-\omega_1)(\omega-\omega_2)}=\frac{1}{2\pi}\frac{e^{-i\omega_1(t-t')}}{\omega_1-\omega_2} \tag{3.57}$$

$$Res_{\omega_2}\frac{1}{2\pi}\frac{e^{-i\omega(t-t')}}{(\omega-\omega_1)(\omega-\omega_2)}=\frac{1}{2\pi}\frac{e^{-i\omega_2(t-t')}}{\omega_2-\omega_1}. \tag{3.58}$$

Eingesetzt in Gl. (3.56) folgt nun:

$$
\begin{aligned}
G_>(t-t')=&2\pi i\Big(Res_{\omega_1}\frac{1}{2\pi}\frac{e^{-i\omega(t-t')}}{(\omega-\omega_1)(\omega-\omega_2)}\\
&\qquad+Res_{\omega_2}\frac{1}{2\pi}\frac{e^{-i\omega(t-t')}}{(\omega-\omega_1)(\omega-\omega_2)}\Big)\\
=&\frac{2\pi i}{2\pi}\frac{1}{\omega_1-\omega_2}\left(e^{-i\omega_1(t-t')}-e^{-i\omega_2(t-t')}\right)\\
\stackrel{(3.48),(3.49)}{=}&\frac{e^{-\gamma(t-t')}}{2\sqrt{\omega_0^2-\gamma^2}}\Big[\underbrace{i\left(e^{-i\sqrt{\omega_0^2-\gamma^2}(t-t')}-e^{i\sqrt{\omega_0^2-\gamma^2}(t-t')}\right)}_{2\sin\left(\sqrt{\omega_0^2-\gamma^2}(t-t')\right)(\text{vgl. }(3.23))}\Big]\\
=&\frac{\sin\left(\sqrt{\omega_0^2-\gamma^2}(t-t')\right)e^{-\gamma(t-t')}}{\sqrt{\omega_0^2-\gamma^2}}\\
\stackrel{\omega_0'=\sqrt{\omega_0^2-\gamma^2}}{=}&\frac{\sin\left(\omega_0'(t-t')\right)e^{-\gamma(t-t')}}{\omega_0'}. \tag{3.59}
\end{aligned}
$$

Nun fehlt noch die Betrachtung für den zweiten Fall, bei dem $t-t'<0$ ist, und wir somit aus dem Kausalitätsprinzip erwarten, dass die Green'sche Funktion für diesen Bereich identisch null ist, weil keine Ursachen aus der Zukunft ein aktuelles Ereignis beeinflussen.

Um das nachzurechnen, könnten wir zunächst versuchen, zurück zu Gl. (3.55) zu gehen und diese mit der Bedingung $b = t - t' < 0$ zu betrachten. Hier hätten wir allerdings das Problem, dass das Innere des Integrals bei Grenzwertbildung nicht mehr konvergiert. Betrachten wir dazu den letzten Exponentialfaktor dieser Gleichung. Er lautet $e^{rb \sin(\xi)}$. Im Unterschied zu oben ist nun nicht mehr $a > 0$, sondern $b < 0$, während $\sin(\xi)$ negativ bleibt für $\xi \in [\pi, 2\pi]$. Das bedeutet: insgesamt ist der Exponent nun positiv und der gesamte Faktor geht für $r \to \infty$ auch gegen unendlich.

Wir müssen uns also einen alternativen Weg suchen, um $G_<(t - t')$ zu berechnen und wählen dazu die Parametrisierung eines Halbkreises in der oberen Hälfte der komplexen Ebene:

$$\alpha = \alpha_1 + \alpha_2 \tag{3.60}$$

$$\alpha_1 : [-r, r], \alpha_1(\xi) = \xi \tag{3.61}$$

$$\alpha_2 : [0, \pi], \alpha_2(\xi) = re^{i\xi}. \tag{3.62}$$

Die Parametrisierung unterscheidet sich im Vergleich zu oben also eigentlich nur in dem Bereich, in dem α_2 durchlaufen wird, und der Richtung, in welche die reelle Achse verfolgt wird. Dieser Unterschied führt jedoch zu Abbildung 3.7.

Wie oben ergibt sich aus der Parametrisierung von α_1 die Green'sche Funktion zu

$$G(t - t') = -\frac{1}{2\pi} \lim_{r \to \infty} \int_{-r}^{r} d\omega \frac{e^{-i\omega(t-t')}}{(\omega - \omega_1)(\omega - \omega_2)} \tag{3.63}$$

(vgl. Gl. (3.53)), doch nun können wir statt des Residuensatzes den Cauchy'schen Integralsatz (vgl. Gl. (2.57)) verwenden, da die Polstellen der zu integrierenden Funktion im Außengebiet unseres Weges α liegen. Hier ergibt sich dafür:

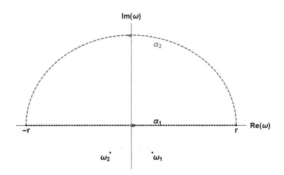

Abbildung 3.7: Parametrisierter Weg des oberen Halbkreises in der komplexen Ebene

$$0 = \frac{1}{2\pi} \lim_{r\to\infty} \oint_\alpha d\omega \frac{e^{-i\omega(t-t')}}{(\omega-\omega_1)(\omega-\omega_2)}$$

$$= \frac{1}{2\pi} \lim_{r\to\infty} \int_{-r}^{r} d\omega \frac{e^{-i\omega(t-t')}}{(\omega-\omega_1)(\omega-\omega_2)}$$

$$+ \frac{1}{2\pi} \lim_{r\to\infty} \int_{\alpha_2} d\omega \frac{e^{-i\omega(t-t')}}{(\omega-\omega_1)(\omega-\omega_2)}. \tag{3.64}$$

Wir betrachten hier wieder das Integral über den Weg α_2 genauer:

$$I_{\alpha_2} = \frac{1}{2\pi} \lim_{r\to\infty} \int_{\alpha_2} d\omega \frac{e^{-i\omega(t-t')}}{(\omega-\omega_1)(\omega-\omega_2)}$$

$$= \frac{1}{2\pi} \lim_{r\to\infty} \int_0^\pi d\xi \frac{e^{-ire^{i\xi}(t-t')}}{(re^{i\xi}-\omega_1)(re^{i\xi}-\omega_2)} \cdot ire^{i\xi}$$

$$\overset{\text{Fall(ii)}:b=t-t'>0}{=} \frac{1}{2\pi} \lim_{r\to\infty} \int_0^\pi d\xi \frac{ire^{i\xi}}{(re^{i\xi})^2 - r(\omega_1+\omega_2)e^{i\xi} + \omega_1\omega_2} \cdot e^{-irb[\cos(\xi)+i\sin(\xi)]}$$

$$= \frac{1}{2\pi} \int_0^\pi d\xi \lim_{r\to\infty}$$

$$\left[i \cdot \underbrace{\frac{1}{\underbrace{(re^{i\xi}) -(\omega_1+\omega_2)+ \frac{\omega_1\omega_2}{re^{i\xi}}}_{\to\infty}} \cdot \underbrace{e^{-irb\cos(\xi)}}_{|\ |=1} \underbrace{e^{rb\sin(\xi)}}_{\text{beschränkt, da } \sin(\xi)\geq 0 \text{ für } \xi\in[0,\pi]}}_{\to 0} \right]$$

$$= 0. \tag{3.65}$$

Es folgt somit aus den Gleichungen (3.63), (3.64) und (3.65) wie erwartet:

$$
\begin{aligned}
G_<(t - t') &= -\frac{1}{2\pi} \lim_{r \to \infty} \int_{-r}^{r} d\omega \, \frac{e^{i\omega(t-t')}}{(\omega - \omega_1)(\omega - \omega_2)} \\
&= -\left(0 - \frac{1}{2\pi} \lim_{r \to \infty} \int_{\alpha_2} d\omega \, \frac{-e^{i\omega(t-t')}}{(\omega - \omega_1)(\omega - \omega_2)} \right) \\
&= 0.
\end{aligned}
\tag{3.66}
$$

Zur Vollständigkeit überprüfen wir noch die Stetigkeitsbedingung an der Stelle $t - t' = 0$:

$$
G_<(0) = 0 \tag{3.67}
$$

$$
G_>(0) = \frac{\sin(0) \, e^0}{\omega_0'} = 0, \tag{3.68}
$$

die offensichtlich erfüllt ist. Also folgt insgesamt für unsere Green'sche Funktion

$$
G(t - t') = \begin{cases} \dfrac{\sin(\omega_0'(t - t')) \, e^{-\gamma(t-t')}}{\omega_0'}, & t > t' \\ 0, & t < t' \end{cases} . \tag{3.69}
$$

3.3.1 Die einmalig angeregte Schwingung mit Dämpfung

In diesem Abschnitt wollen wir uns einen Schritt näher an die Realität wagen und die Schwingungsgleichung für ein einmalig angeregtes System betrachten. Zu beachten ist jedoch, dass auch diese Betrachtungen nicht der Realität entsprechen, da wir die einmalige Anregung so annehmen müssen, dass sie keinerlei Zeit benötigt. Im Realfall hingegen benötigt die Anregung eines schwingungsfähigen Systems wie zum Beispiel einer Stimmgabel eine gewisse Zeit. Wir wollen hier aber von einem einmaligen Impuls mit unendlich kleiner Zeitdauer ausgehen. Um diesen mathematisch zu beschreiben, verwenden wir

die Delta-Funktion (vgl. Abschnitt 2.4). Genauer gesagt verwenden
wir die Antriebsfunktion

$$f(t) = I_0 \delta(t). \tag{3.70}$$

Diese enthält die Information, dass der Impuls zur Zeit $t = 0$ das
schwingungsfähige System anregt. Die Konstante I_0 ist ein Maß für
die Stärke des Impulses und beeinflusst somit die Geschwindigkeit,
mit der die Schwingung startet. Zu betonen ist hier nochmals, dass
wir durch die Nutzung der Delta-Funktion davon ausgehen, dass
keine Zeit zwischen der Abgabe des Impulses an das System und des
Erreichens der maximalen Schwingungsgeschwindigkeit vergeht. Dies
ist ein Modell und dient nur zur Beschreibung, ist in der Realität aber
nicht zu erreichen.

Wir nutzen zur Bestimmung der speziellen Lösung die im vorherigen
Abschnitt bestimmte Greensche Funktion (3.69) für $t > t'$ (Kausa-
litätsprinzip) für die inhomogene Schwinungsgleichung und Gl. (3.43).
So erhalten wir

$$\begin{aligned}
x(t) &= \int_{-\infty}^{t} dt' G_>(t-t') f(t') \\
&= \int_{-\infty}^{t} dt' \left[\frac{\sin\left(\omega_0'(t-t')\right) e^{-\gamma(t-t')}}{\omega_0'} I_0 \delta(t') \right] \\
&\stackrel{(2.40), t>0}{=} I_0 \cdot \frac{\sin\left(\omega_0' t\right) e^{-\gamma t}}{\omega_0'}
\end{aligned} \tag{3.71}$$

als spezielle Lösung, die wir im Wesentlichen im folgenden Beispiel
darstellen.

Beispiel 9. *Um anzuschauen wie die Green'sche Funktion der Schwingungsgleichung aussieht betrachten wir das Anfangswertproblem*

$$\frac{d^2}{dt^2} x(t) + 2 \cdot \left(\frac{1}{2}\frac{1}{s}\right) \frac{d}{dt} x(t) + \left(1\frac{1}{s}\right)^2 x(t) = 1\frac{m}{s}\delta(t),$$

$$x(0) = 0, \ \dot{x}(t) = 0 \ \textit{für alle } t < 0. \tag{3.72}$$

Dieses Problem beschreibt ein schwingungsfähiges System, welches sich in Ruhe befindet, aber zum Zeitpunkt $t = 0s$ einmalig durch einen Delta-Impuls angeregt wird. Infolge dessen führt das System eine gedämpfte Schwingung mit der Frequenz $\omega_0' = \sqrt{\omega_0^2 - \gamma^2} = \dfrac{\sqrt{3}}{2}\dfrac{1}{s}$ und der Dämpfung $\gamma = \dfrac{1}{2}\dfrac{1}{s}$ durch.

Die allgemeine Lösung dieses Anfangswertproblems setzt sich wieder aus homogener und spezieller Lösung zusammen. Da unser betrachtetes System jedoch ruht, solange keine Anregung stattfindet, gilt für die homogene Lösung

$$x_h(t) = 0. \tag{3.73}$$

Die spezielle Lösung hingegen ist aufgrund der Wahl von $I_0 = 1\dfrac{m}{s}$ genau die Green'sche Funktion aus Gl. (3.71) mit eingesetzten Werten für die Frequenz und Dämpfung, denn

$$x_s(t) = \int_{-\infty}^{t} dt' G_>(t - t') f(t')$$

$$= \int_{-\infty}^{t} dt' \left[\frac{\sin\left(\frac{\sqrt{3}}{2}\frac{1}{s}(t - t')\right) e^{-\frac{1}{2}\frac{1}{s}(t - t')}}{\frac{\sqrt{3}}{2}\frac{1}{s}} \cdot 1\frac{m}{s}\delta(t') \right]$$

$$\overset{t>0,(2.40)}{=} \left[1 \cdot \frac{\sin\left(\frac{\sqrt{3}}{2}\frac{1}{s}(t)\right) e^{-\frac{1}{2}\frac{1}{s}(t)}}{\frac{\sqrt{3}}{2}} \right] m, \ \text{für } t \geq 0s.$$

Für $t < 0s$ folgt mit $G_<(t - t') = 0$ aus Gl. (3.69), wie wegen des Kausalitätsprinzips zu erwarten:

$$x_s(t) = 0, \ \text{für } t < 0s. \tag{3.74}$$

Insgesamt ergibt sich als Lösung des Anfangswertproblems durch Bildung der Summe von homogener und spezieller Lösung:

$$x(t) = x_h + x_s = \begin{cases} 1 \cdot \dfrac{\sin\left(\frac{\sqrt{3}}{2}\frac{1}{s}(t)\right) e^{-\frac{1}{2}\frac{1}{s}(t)}}{\frac{\sqrt{3}}{2}} m, & t \geq 0s \\ 0, & t < 0s \end{cases} \tag{3.75}$$

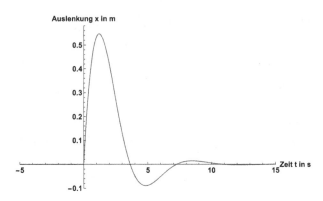

Abbildung 3.8: Beispieldarstellung zur einmalig angeregten Schwingung mit Dämpfung

Die Lösung des betrachteten Anfangswertproblems, die in diesem Fall genau die Green'sche Funktion ist, wurde mit Mathematica dargestellt und kann in Abbildung 3.8 betrachtet werden.

3.3.2 Periodische Anregungen

Nun schauen wir uns die Differentialgleichung für eine periodische Antriebsfunktion an und erhalten so eine erzwungene Schwingung mit der anregenden Kraft

$$f(t) = f_0 \cos(\Omega t), \qquad (3.76)$$

wobei f_0 die Amplitude der anregenden Schwingung und Ω ihre Frequenz ungleich null und reell seien.

Statt dieses reelle Problem zu lösen betrachten wir die komplexe Differentialgleichung mit der von der Zeit abhängigen komplexen Variablen $z(t)$

$$\frac{d^2}{dt^2}z + 2\gamma\frac{d}{dt}z + \omega_0^2 z = f_0 e^{i\Omega t} \qquad (3.77)$$

und verwenden später nur den Realteil der Lösung, denn $Re\left(e^{i\Omega t}\right) = \cos(\Omega t)$.

Die Lösung für dieses Problem setzt sich wieder aus der Lösung für die homogene Gleichung und einer speziellen Lösung zusammen. Die Lösung für die homogene Gleichung des Schwingfalls, den wir hier betrachten möchten, ist nach Gl. (3.18)

$$z_h(t) = e^{-\gamma t}\left(Ae^{i\omega_0' t} + Be^{-i\omega_0' t}\right), \ \omega_0' = \sqrt{\omega_0^2 - \gamma^2}, \qquad (3.78)$$

wobei $A, B \in \mathbb{C}$ bei gegebenem Anfangswertproblem durch die Anfangsbedingungen berechnet werden.

Als Lösungsansatz für die spezielle Lösung der komplexen Differentialgleichung (3.77) verwenden wir:

$$z_s(t) = ae^{i\Omega t}, \ a \in \mathbb{C}. \qquad (3.79)$$

Eingesetzt in die Differentialgleichung folgt wegen $e^{i\Omega t} \neq 0$:

$$-a\Omega^2 e^{i\Omega t} + 2i\gamma a\Omega e^{i\Omega t} + \omega_0^2 ae^{i\Omega t} = f_0 e^{i\Omega t}$$

$$\Leftrightarrow a = \frac{f_0}{-\Omega^2 + 2i\gamma\Omega + \omega_0^2} = \frac{f_0 \cdot (\omega_0^2 - \Omega^2 - 2i\gamma\Omega)}{(\omega_0^2 - \Omega^2)^2 + 4\gamma^2\Omega^2}$$

$$\Rightarrow z_s(t) = \frac{f_0 \cdot (\omega_0^2 - \Omega^2 - 2i\gamma\Omega)}{(\omega_0^2 - \Omega^2)^2 + 4\gamma^2\Omega^2} e^{i\Omega t}. \qquad (3.80)$$

Nun verwenden wir den Realteil der Lösung für z und erhalten so die spezielle Lösung für unser reelles Problem

$$x_s(t) = Re(z_s(t)) = Re\left[\frac{f_0 \cdot (\omega_0^2 - \Omega^2 - 2i\gamma\Omega)}{(\omega_0^2 - \Omega^2)^2 + 4\gamma^2\Omega^2}(\cos(\Omega t) + i\sin(\Omega t))\right]$$

$$= \frac{f_0}{(\omega_0^2 - \Omega^2)^2 + 4\gamma^2\Omega^2}\left[(\omega_0^2 - \Omega^2)\cos(\Omega t) + 2\gamma\Omega\sin(\Omega t)\right].$$

$$(3.81)$$

Insgesamt ergibt sich also als Lösung für die Differentialgleichung (3.4) mit der periodischen Antriebsfunktion aus Gl. (3.76)

$$x(t) = x_h(t) + x_s(t)$$
$$\stackrel{(3.18),(3.81)}{=} Re\left[e^{-\gamma t}\left(Ae^{i\omega_0' t} + Be^{-i\omega_0' t}\right)\right]$$
$$+ \frac{f_0}{(\omega_0^2 - \Omega^2)^2 + 4\gamma^2\Omega^2}\left[(\omega_0^2 - \Omega^2)\cos(\Omega t) + 2\gamma\Omega\sin(\Omega t)\right].$$
$$(3.82)$$

Nun wenden wir die Methode der Green'schen Funktion auf die komplexe Differentialgleichung (3.77) an und vergleichen anschließend die Ergebnisse der speziellen Lösung. An der homogenen Lösung ändert sich schließlich nichts.

Wir benutzen dazu wieder unsere bestimmte Green'sche Funktion (3.69) für $t > t'$ (Kausalitätsprinzip) für die inhomogene Schwinungsgleichung und Gl. (3.43). So erhalten wir mit

$$z_s(t) = \int_{-\infty}^{t} dt' G_>(t - t')f(t')$$
$$= \int_{-\infty}^{t} dt' \frac{\sin\left(\omega_0'(t - t')\right)e^{-\gamma(t-t')}}{\omega_0'} f_0 e^{i\Omega t'}$$
$$\stackrel{(3.23)}{=} -\frac{f_0 e^{-\gamma t}}{\omega_0'} \int_{-\infty}^{t} dt' \frac{i}{2}\left(e^{i\omega_0'(t-t')} - e^{-i\omega_0'(t-t')}\right)e^{(\gamma+i\Omega)t'}$$
$$= -\frac{if_0 e^{-\gamma t}}{2\omega_0'}\left\{e^{i\omega_0' t}\int_{-\infty}^{t} dt' e^{[\gamma+i(\Omega-\omega_0')]t'}\right.$$
$$\left. - e^{-i\omega_0' t}\int_{-\infty}^{t} dt' e^{[\gamma+i(\Omega+\omega_0')]t'}\right\}$$
$$= -\frac{if_0 e^{i\Omega t}}{2\omega_0'}\left[\frac{1}{\gamma + i(\Omega - \omega_0')} - \frac{1}{\gamma + i(\Omega + \omega_0')}\right]$$

$$z_s(t) = -\frac{if_0 e^{i\Omega t}}{2\omega_0'} \frac{2i\omega_0'}{\gamma^2 + \omega_0'^2 - \Omega^2 + 2i\gamma\Omega}$$

$$= f_0 e^{i\Omega t} \frac{\gamma^2 + \omega_0'^2 - \Omega^2 - 2i\gamma\Omega}{(\gamma^2 + \omega_0'^2 - \Omega^2)^2 + 4\gamma^2\Omega^2}$$

$$\overset{\omega_0'=\sqrt{\omega_0^2-\gamma^2}}{=} f_0 e^{i\Omega t} \frac{\omega_0^2 - \Omega^2 - 2i\gamma\Omega}{(\omega_0^2 - \Omega^2)^2 + 4\gamma^2\Omega^2} \tag{3.83}$$

$$x_s(t) = Re[z_s(t)]$$

$$= \frac{f_0}{(\omega_0^2 - \Omega^2)^2 + 4\gamma^2\Omega^2} \left[(\omega_0^2 - \Omega^2)\cos(\Omega t) + 2\gamma\Omega\sin(\Omega t) \right]$$
$$\tag{3.84}$$

die gleiche Lösung wie oben.

Vergleichen wir die beiden Methoden, so lässt sich das Ergebnis mit der ersten besser berechnen, da lediglich ein passender Ansatz gewählt wird, dessen Konstante durch Einsetzen in die Differentialgleichung bestimmt wird. Das Problem hierbei ist, dass ein solcher passender Ansatz im Allgemeinen nicht bekannt ist. Um das Erraten eines passenden Ansatzes zu umgehen, bietet es sich also an, die Methode der Green'schen Funktion zu benutzen. Diese erscheint auf den ersten Blick zwar deutlich umständlicher, da zunächst die Green'sche Funktion gefunden werden muss, bevor die Methode angewendet werden kann, sie birgt aber große Erfolgsaussichten, wenn kein Ansatz zur Verfügung steht. Somit lohnt sich oft der Aufwand, der mit dem Lösen der (komplexen) Integrale verbunden ist.

Wir haben hier gesehen, dass das Ergebnis für beide Methoden das gleiche ist. Das ist in sofern überraschend, da die Green'sche Funktion nach Jänich (2001) keinesfalls eindeutig sein muss. Vielmehr unterscheiden sich die Green'schen Funktionen durch eine Linearkombination von Lösungen der homogenen Gleichung. Es ist so gesehen falsch, dass wir immer von *der* Green'schen Funktion sprechen, da dieser bestimmte Artikel die Eindeutigkeit suggeriert. Genau genommen haben wir jedoch nur *eine* von mehreren möglichen Green'schen Funktionen gefunden, die es uns ermöglicht, Lösungen der inhomogenen Schwingungsgleichung zu bestimmen.

Ebenso wurde in der ersten Methode ein zufälliger Ansatz gewählt, der im Endeffekt zu einer Lösung des Problems führt. Es ist nicht ausgeschlossen, dass es weitere Ansätze gibt, die uns auf andere spezielle Lösungen stoßen lassen. Entscheidend ist jedoch, dass nach wie vor das Superpositionsprinzip gelten muss. Das bedeutet, wenn wir zwei unterschiedliche spezielle Lösungen für eine Differentialgleichung finden, so muss die Differenz dieser Lösungen eine Lösung des homogenen Problems sein.

4 Partielle Differentialgleichungen

Insgesamt gesehen, lassen sich in der Physik zwar einige Probleme wie beispielsweise eine Schwingung durch gewöhnliche Differentialgleichungen beschreiben, viel häufiger sind jedoch partielle Differentialgleichungen notwendig, um in der Regel Abhängigkeiten von Zeit und Position im Raum von Feldern und deren Auswirkungen auf Objekte zu beschreiben. Aus diesem Grund beschäftigen wir uns in diesem Kapitel nun beispielhaft ausführlich mit der Wellengleichung sowie mit geeigneten Lösungsmethoden für diese. Bevor wir jedoch damit starten sind einige Definitionen notwendig.

4.1 Was ist eine partielle Differentialgleichung?

Definition 13 (Partielle Differentialgleichung). *Wir bezeichnen eine Gleichung, die eine von **mehreren** unabhängigen Variablen $(t, \vec{x})$ abhängige Variable $(u(t, \vec{x}))$ sowie mindestens eine partielle Ableitung nach einer unabhängigen Variablen $(\frac{\partial}{\partial t}u, \frac{\partial}{\partial x}u, \frac{\partial}{\partial y}u, \frac{\partial}{\partial z}u, \ldots, \frac{\partial^n}{\partial t^n}u, \frac{\partial^n}{\partial x^n}u, \frac{\partial^n}{\partial y^n}u, \frac{\partial^n}{\partial z^n}u, n \in \mathbb{N})$ enthält, als partielle Differentialgleichung (vgl. Kallenrode (2005)). Dabei sind die physikalischen partiellen Differentialgleichungen, die wir später betrachten, alle von der Zeit und vom Ort beziehungsweise von den verschiedenen Ortskomponenten abhängig.*

Definition 14 (Dimension). *Die Dimension einer partiellen Differentialgleichung entspricht der Dimension des Ortsraums der unabhängigen Ortsvariablen (vgl. Arendt und Urban (2010)). Wir sprechen aus diesem Grund später häufig von $(1 + n)$-dimensionalen*

© Der/die Herausgeber bzw. der/die Autor(en), exklusiv lizenziert durch Springer Fachmedien Wiesbaden GmbH, ein Teil von Springer Nature 2020
E. M. Hickmann, *Differentialgleichungen als zentraler Bestandteil der theoretischen Physik*, BestMasters, https://doi.org/10.1007/978-3-658-29898-2_4

Gleichungen, wobei die 1 für die zeitliche und das n für die örtlichen Dimensionen stehen.

Definition 15 (Ordnung). *Die Ordnung einer partiellen Differentialgleichung ist die höchste auftretende Ableitung. Diese kann sich zwischen den unterschiedlichen Variablen unterscheiden, weshalb es Gleichungen gibt, die unterschiedliche Ordnung bezüglich Raum und Zeit haben (vgl. Arendt und Urban (2010)).*

Bezüglich der Linearität und der Homogenität sei auf die Definitionen für gewöhnliche Differentialgleichungen im Abschnitt 3.1 verwiesen. Während die Definition für die homogene Differentialgleichung genauso übernommen werden kann, muss bei der Linearität lediglich geändert werden, dass die Gleichung nun in allen auftretenden partiellen Ableitungen sowie der unbekannten Funktion selbst linear ist.

Ebenso sind auch hier zur eindeutigen Lösung der Differentialgleichungen Nebenbedingungen in Form von Anfangs- oder Randwerten notwendig. Diese Randbedingungen haben jedoch eine andere Form als bei gewöhnlichen Differentialgleichungen, da die gesuchte Funktion nun von mehreren Variablen abhängt. Nach Kallenrode (2005) unterscheiden wir zwischen Dirichlet'schen Randbedingungen, die Funktionswerte auf der Grenze des betrachteten Gebiets (zum Beispiel der Oberfläche eines begrenzten Gebietes) festlegen, und Neumann'schen Randbedingungen, die die Normalenableitungen auf der Grenze vorgeben. Scheck (2010) und Wachter und Hoeber (1998) zeigen beispielhaft, dass sowohl das Dirichlet'sche Randwertproblem als auch das Neumann'sche Randwertproblem auf geschlossenen Flächen elektrostatische Probleme eindeutig festlegen.

4.2 Die Wellengleichung

4.2.1 Maxwell-Gleichungen, Wellengleichung und Vektorpotential

Bevor wir die Wellengleichung betrachten und lösen, schauen wir uns
zunächst die Maxwell-Gleichungen und ihre Bedeutung für die Physik
an, um die große Bedeutung der Wellengleichung zu begreifen. Eigentlich betrachten wir hier nur die Maxwell-Gleichungen im Vakuum
mit dem Hintergrund, dass wir an dieser Stelle noch keine äußeren
Quellen zulassen möchten. Diese Gleichungen lauten nach Kallenrode
(2005)

$$\vec{\nabla} \cdot \vec{B} = 0 \tag{4.1}$$

$$\vec{\nabla} \cdot \vec{E} = 0 \tag{4.2}$$

$$\vec{\nabla} \times \vec{B} = \mu_0 \epsilon_0 \frac{\partial}{\partial t} \vec{E} \tag{4.3}$$

$$\vec{\nabla} \times \vec{E} = -\frac{\partial}{\partial t} \vec{B}, \tag{4.4}$$

wobei hier SI-Einheiten verwendet werden, in denen die magnetische
Feldkonstante $\mu_0 = 4\pi \cdot 10^{-7} \frac{Vs}{Am}$ und die Dielektrizitätskonstante des
Vakuums $\epsilon_0 = 8,8543 \cdot 10^{-12} \frac{As}{Vm}$ ist. Diese beiden Konstanten sind
durch die Lichtgeschwindigkeit $c = 2,997 \cdot 10^8 \frac{m}{s}$ über den Zusammenhang

$$c = \frac{1}{\sqrt{\mu_0 \epsilon_0}} \tag{4.5}$$

verknüpft (vgl. Nolting (2002)).

Die Maxwell-Gleichungen (4.1) bis (4.4) beschreiben die Wechsel-
wirkungen zwischen dem elektrischen Feld $\vec{E}$ und dem magnetischen
Feld $\vec{B}$ und somit den Elektromagnetismus. Damit ist eine sehr große
Relevanz für die Physik gegeben. Jedoch ist dieses gekoppelte Diffe-
rentialgleichungssystem nicht leicht zu lösen, weshalb stattdessen die

Wellengleichung gelöst wird, die die Ausbreitung einer elektromagnetischen Welle beschreibt. Denn ebendiese Wellengleichung lässt sich aus
den Maxwell-Gleichungen herleiten. Wir gehen dabei wie Kallenrode
(2005) vor und wenden zunächst auf beiden Seiten von Gl. (4.4) die
Rotation an,

$$\vec{\nabla} \times (\vec{\nabla} \times \vec{E}) = -\vec{\nabla} \times \frac{\partial}{\partial t}\vec{B} \tag{4.6}$$

und erhalten mit der Rechenregel

$$\vec{\nabla} \times (\vec{\nabla} \times \vec{A}) = \vec{\nabla}(\vec{\nabla} \cdot \vec{A}) - \vec{\nabla}^2\vec{A} \tag{4.7}$$

nach Kallenrode (2005)

$$\vec{\nabla}(\vec{\nabla} \cdot \vec{E}) - \vec{\nabla}^2\vec{E} = -\frac{\partial(\vec{\nabla} \times \vec{B})}{\partial t}. \tag{4.8}$$

Nun setzen wir auf der linken Seite der obigen Gleichung das Ergebnis
aus Gl. (4.2) und auf der rechten Seite Gl. (4.3) ein und erhalten mit
Gl. (4.5) die Wellengleichung für das elektrische Feld:

$$\vec{\nabla}^2\vec{E} = \Delta\vec{E} = \frac{1}{c^2}\frac{\partial^2}{\partial t^2}\vec{E}. \tag{4.9}$$

Analog lässt sich die Wellengleichung für das magnetische Feld herleiten. Diese beiden Wellengleichungen für das elektrische und das
magnetische Feld sind jedoch nicht unabhängig, was durch die Maxwell-
Gleichungen sichtbar wird. Die Verwendung des Vektorpotentials
$\vec{A}(t, \vec{x})$ (für den Fall im Vakuum ohne Quellen) verdeutlicht das. Denn
wir können nach Brandt und Dahmen (2005) sowohl das magnetische
als auch das elektrische Feld für den Fall im Vakuum durch dieses
Vektorpotential mit

$$\vec{B} = \vec{\nabla} \times \vec{A} \tag{4.10}$$

$$\vec{E} = -\frac{\partial}{\partial t}\vec{A} \tag{4.11}$$

bestimmen. Wir wählen wie Brandt und Dahmen (2005) die Coulomb-
Bedingung

$$\vec{\nabla} \cdot \vec{A} = 0 \tag{4.12}$$

und erhalten dann das Vektorpotential durch Lösen der Wellengleichung

$$\Delta \vec{A} = \frac{1}{c^2} \frac{\partial^2}{\partial t^2} \vec{A}. \tag{4.13}$$

Somit lösen wir im folgenden Abschnitt die homogene Wellengleichung für das Vektorpotential und können dann mit den genannten
Formeln das elektrische und magnetische Feld berechnen. Insbesondere
ist dieser Ansatz zur Vorbereitung der inhomogenen Lösung sinnvoll,
mit der wir uns später beschäftigen.

4.2.2 Die Methode des Separationsansatzes anhand der eindimensionalen homogenen Wellengleichung

Die Methode des Separationsansatzes ist für Physiker oft die Methode, die zuerst gewählt wird, da sie für viele verschiedene partielle
Differentialgleichungen anwendbar ist. Wichtig ist nur, dass sich die
einzelnen Varibalen trennen beziehungsweise separieren lassen, um
diese Methode anwenden zu können. Damit ist gemeint, dass die
von mehreren Variablen abhängige Lösungsfunktion als Produkt oder
Summe von Funktionen geschrieben werden kann, die allerdings alle
nur von einer Variablen abhängig sind. Dabei ist das Vorgehen nach
Evans (1998) in der Regel so, dass zunächst angenommen wird, dass
die Lösung sich in die einzelnen Variablen auftrennen lässt und die
Differentialgleichung mit diesem Ansatz gelöst wird. Im Nachhinein
wird schließlich überprüft, ob die gefundene Funktion die Differentialgleichung tatsächlich löst und somit die anfangs getroffene Annahme
der Trennbarkeit der Variablen richtig oder falsch war.

Bevor wir uns in Abschnitt 4.2.3 mit der dreidimensionalen Wellengleichung beschäftigen, die uns eigentlich interessiert, werden wir
zunächst die eindimensionale Wellengleichung betrachten und mit
dem Separationsansatz lösen. Dieses Vorgehen wählen wir, um die
Methode des Separationsansatzes zu verstehen, bevor die Gleichung
komplizierter wird aufgrund der zwei zusätzlichen Dimensionen.

Wir betrachten demnach die eindimensionale Wellengleichung für die unbekannte $(1+1)$-dimensionale Funktion $A(t,x)$

$$\frac{\partial^2 A}{\partial t^2} - c^2 \frac{\partial^2 A}{\partial x^2} = 0. \tag{4.14}$$

Nach Kallenrode (2005) wählen wir den Separationsansatz

$$A(t,x) = T(t) \cdot X(x) \tag{4.15}$$

und erhalten durch Einsetzen in die Differentialgleichung (4.14)

$$\frac{\partial^2 (T(t)X(x))}{\partial t^2} - c^2 \frac{\partial^2 (T(t)X(x))}{\partial x^2} = 0$$
$$\Leftrightarrow \ddot{T}X - c^2 T X'' = 0$$
$$\Leftrightarrow \frac{\ddot{T}}{T} = c^2 \frac{X''}{X} := \lambda \in \mathbb{R}, \tag{4.16}$$

wobei wir die Konstante $\lambda \in \mathbb{R}$ so wählen dürfen, weil die linke Seite der Gleichung nur zeitabhängig ist und die rechte Seite der Gleichung nur vom Ort abhängt. Daraus folgt nach Jänich (2001), dass beide Seiten konstant sind. Zusätzlich wollen wir eine reellwertige Funktion $A(x,t)$ als Lösung herausbekommen, daher muss auch unsere sogenannte Separationskonstante λ reell sein.

Es sei an dieser Stelle bemerkt, dass wir durch diesen Ansatz nur Lösungen für $X \neq 0$ und $T \neq 0$ erhalten (vgl. Heuser (2004)), da die Brüche, die der Separationskonstanten entsprechen, sonst nicht existieren. Wir müssen also eigentlich, nachdem wir für $X \neq 0$ und $T \neq 0$ Lösungen gefunden haben, nachweisen, dass diese gefundenen Lösungen auch an den Stellen, an denen sie verschwinden und somit Gl. (4.16) nicht definiert ist, die Wellengleichung erfüllen. Dieser Schritt wird allerdings in den wenigsten Büchern explizit nachvollzogen. Stattdessen wird in der Regel kommentarlos angenommen, dass sich die separierten Funktionen $X(x)$ und $T(t)$ gutartig verhalten, sodass es zu keinen Definitionslücken kommt. Es sei an dieser Stelle festgehalten, dass diese Eigenschaft auch für alle genutzten Lösungen im folgenden

Teil dieser Arbeit gilt, weshalb auch dort keine weiteren Betrachtungen dieser Art mehr durchgeführt werden.

Aus dem Separationsansatz erhalten wir hier durch Gl. (4.16) die beiden Gleichungen

$$X'' - \frac{1}{c^2}\lambda X = 0 \tag{4.17}$$

$$\ddot{T} - \lambda T = 0. \tag{4.18}$$

Wir betrachten zunächst die Gleichung für X und erhalten für die möglichen Fälle für $\lambda \in \mathbb{R}$ folgende Lösungsmöglichkeiten:

(i) $\lambda > 0$: $X'' - \frac{1}{c^2}\lambda X = 0$, mit Lösungen als Linearkombination von

$e^{\frac{\sqrt{\lambda}}{c}x}$ und $e^{-\frac{\sqrt{\lambda}}{c}x}$ (e-Funktionen-Ansatz)

(ii) $\lambda = 0$: $X'' = 0$, mit Lösungen als Linearkombination von 1 und x

(iii) $\lambda < 0$: $X'' + \frac{1}{c^2}|\lambda|X = 0$, mit Lösungen als Linearkombination

von $e^{i\frac{\sqrt{|\lambda|}}{c}x}$ und $e^{-i\frac{\sqrt{|\lambda|}}{c}x}$ beziehungsweise von $\sin\left(\frac{\sqrt{|\lambda|}}{c}x\right)$ und

$\cos\left(\frac{\sqrt{|\lambda|}}{c}x\right)$ (vgl. Harmonischer Oszillator im Abschnitt 3.2.1).

Nun nutzen wir physikalische Randbedingungen, um einen Teil der Lösungen auszuschließen. Wir möchten hier nur Lösungen zulassen, die für $x \to \infty$ beziehungsweise $x \to -\infty$ endlich sind. Schließlich können wir unsere gesuchte Funktion A als Auslenkung der Welle interpretieren, welche immer (auch für $x \to \pm\infty$) beschränkt und somit endlich ist.

Betrachten wir also nun unsere Lösungsmöglichkeiten von oben, so sehen wir, dass der erste Fall $\lambda > 0$ ausgeschlossen werden kann, da

$$\lim_{x\to\infty} e^{\frac{\sqrt{\lambda}x}{c}} = \infty \text{ und}$$

$$\lim_{x\to-\infty} e^{-\frac{\sqrt{\lambda}x}{c}} = \infty.$$

Ebenso ist die zweite Lösung des Falls $\lambda = 0$ nicht endlich, denn

$$\lim_{x \to \infty} x = \infty,$$

weshalb für diesen Fall nur die konstante Lösung $A(t, x) = a \in \mathbb{R}$ übrig bleibt. Diese Lösung werden wir jedoch nicht weiter betrachten, da es sich hierbei um eine örtlich und zeitlich konstante Lösung handelt, deren Auslenkung sich somit nie ändert.

Wir arbeiten also nun mit $\lambda < 0$ weiter und betrachten Gl. (4.18) für die Zeit

$$\ddot{T} + |\lambda| T = 0$$

und wählen $\omega^2 = |\lambda| = -\lambda$, da wir die zeitliche Ausbreitung einer Welle immer mit dem Parameter der Frequenz ω beschreiben, wie wir es auch schon im Fall der Schwingung beim harmonsischen Oszillator getan haben (vgl. Abschnitt 3.2).

Wie beim harmonischen Oszillator ergeben sich für die zeitliche Differentialgleichung als Lösungen abhängig von der Frequenz

$$T_{\omega,a} = a_t \cdot e^{-i\omega t} \qquad \text{und } T_{\omega,b} = b_t \cdot e^{i\omega t} \qquad (4.19)$$

$$\text{bzw. } T_{\omega,\alpha} = \alpha_t \cdot \sin(\omega t) \qquad \text{und } T_{\omega,\beta} = \beta_t \cdot \cos(\omega t), \qquad (4.20)$$

wobei a_t und b_t Konstanten aus den komplexen Zahlen und α_t und β_t Konstanten aus den reellen Zahlen sind und das tiefgestellte ω darauf hinweist, dass die Lösung von der Frequenz abhängig ist.

Wir könnten nun auch unsere Lösungen für den Ort umschreiben, sodass sie von der Frequenz ω abhängig sind, denn $\omega^2 = |\lambda| = -\lambda$. Wir möchten jedoch für den Ort die Konstante k als Wellenzahl einführen, die hier im eindimensionalen Fall dem Kehrwert der Wellenlänge der Welle entspricht. Damit erhalten wir

$$X_{k,a} = a_x \cdot e^{ikx} \qquad \text{und } X_{k,b} = b_x \cdot e^{-ikx} \qquad (4.21)$$

$$\text{bzw. } X_{k,\alpha} = \alpha_x \cdot \sin(kx) \qquad \text{und } X_{k,\beta} = \beta_x \cdot \cos(kx), \qquad (4.22)$$

wieder mit $a_x, b_x \in \mathbb{C}$ und $\alpha_x, \beta_x \in \mathbb{R}$ und dem tiefgestellten k als Hinweis auf die Abhängigkeit der Lösung von der Wellenzahl. Durch

Einsetzen einer Produktlösung $A = T \cdot X$ aus zwei beliebigen oben bestimmten Lösungen für Zeit und Ort in die Differentialgleichung finden wir einen weiteren Zusammenhang zwischen der Frequenz und der Wellenzahl heraus. Verwenden wir beispielsweise

$$A(t, x) = T_{\omega,a} \cdot X_{k,a} = a_t a_x e^{-i(\omega t - kx)},$$

so erhalten wir durch Einsetzen in die Differentialgleichung (4.14)

$$-\omega^2 a_t a_x e^{-i(\omega t - kx)} - c^2 k^2 a_t a_x e^{-i(\omega t - kx)} = 0.$$

Weil wir die Konstanten $a_t, a_x \neq 0$ annehmen, außerdem $e^{-i(\omega t - kx)} \neq 0$ gilt und wir die Frequenz positiv definieren, folgt daraus die sogenannte Dispersionsrelation von

$$\omega = \sqrt{|\lambda|} = c \cdot |k| \text{ beziehungsweise } |k| = \frac{\omega}{c}. \qquad (4.23)$$

Das macht uns bewusst, dass ω und k von einander abhängig sind sowie dass die gefundenen separierten Lösungen T und X von diesen abhängigen Parametern abhängen. Aus Konventionsgründen entscheiden wir uns für die Sprechweise, dass die Lösungen vom Parameter k abhängig sind und schreiben $T_{k,i}$ statt $T_{\omega,i}$, wobei hier das i für die verschiedenen Konstanten von oben steht.

Das Vorzeichen der Wellenzahl gibt die Richtung an, in die sich die Welle ausbreitet beziehungsweise wir können damit zwei Wellen mit entgegengesetzter oder gleicher Laufrichtung kenntlich machen. Aus mathematischer Sicht genügt es jedoch, sich auf $k \geq 0$ zu beschränken, da die gefundenen Lösungen für den Ort so beschaffen sind, dass das Vorzeichen im Fall von Gl. (4.21) beide Lösungen vertauscht und bei Gl. (4.22) auf den Cosinus wegen seiner Symmetrie keinen Einfluss hat ($\cos(-kx) = \cos(kx)$), während beim Sinus lediglich ein negatives Vorzeichen zu der Konstante hinzukommt ($\sin(-kx) = -\sin(kx)$). Solange wir keine konkreten Wellen mit Richtungen betrachten, beschränken wir uns aus diesem Grund auf positive k.

Bevor wir uns nun überlegen, wie die allgemeine Lösung für unser Problem aussieht, betrachten wir an dieser Stelle das Beispiel der schwingenden Saite, welches zu einer Diskretisierung der Lösung führt und somit etwas leichter zu lösen ist.

Beispiel 10 (Schwingende Saite). *Nach Kallenrode (2005) und Heuser (2004) beschreibt die Wellengleichung (4.14) mit den Randbedingungen*

$$A(t, 0) = 0 \tag{4.24}$$

$$A(t, l) = 0 \tag{4.25}$$

die Auslenkung A einer schwingende Saite der Länge l aus der Ruhelage in Abhängigkeit vom Ort x und der Zeit t, wobei c die Ausbreitungsgeschwindigkeit darstellt.

Wir führen den gleichen Separationsansatz durch und bekommen zunächst wie oben homogene Schwingungsgleichungen für T und X. Deren Lösung notieren wir nun aber mit Hilfe der Trigonometrischen Funktionen sin *und* cos, *wie wir es auch in Abschnitt 3.2.1 diskutiert haben. Außerdem nutzen wir sofort die neuen Parameter k und ω anstelle der Separationskonstanten:*

$$X(x) = c_1 \cos(kx) + c_2 \sin(kx) \tag{4.26}$$

$$T(t) = c_3 \cos(\omega t) + c_4 \sin(\omega t). \tag{4.27}$$

Nun nutzen wir die zusätzlichen angegebenen Randbedingungen und bestimmen mit

$$X(0) = c_1 \overset{!}{=} 0 \qquad\qquad \Rightarrow c_1 = 0$$

$$X(l) = c_2 \sin(kl) \overset{!}{=} 0 \quad \Rightarrow 0 = \arcsin(kl) \Leftrightarrow k = \frac{n\pi}{l}, \ n \in \mathbb{N}$$

unseren Parameter k abhängig von einer natürlichen Zahl n. Wegen der Abhängigkeit von Wellenzahl und Frequenz ergibt sich

$$\omega = k \cdot c = \frac{n\pi}{l}c, \ n \in \mathbb{N}, \tag{4.28}$$

sodass hier

$$X_k(x) = c_2 \sin(kx) = c_2 \sin\left(\frac{n\pi}{l}x\right) := X_n(x) \quad und \qquad (4.29)$$

$$T_\omega(x) = c_3 \cos(\omega t) + c_4 \sin(\omega t)$$

$$= c_3 \cos\left(\frac{n\pi}{l}ct\right) + c_4 \sin\left(\frac{n\pi}{l}ct\right) := T_n(t) \qquad (4.30)$$

die Lösungen für die separierten Funkionen sind. Zurückgeführt auf unseren Separationsansatz bedeutet das, dass für jedes $n \in \mathbb{N}$ das Produkt

$$A_n(t, x) = \zeta_n X_n(x) T_n(t)$$

$$= a_n \sin\left(\frac{n\pi}{l}x\right) \cos\left(\frac{n\pi}{l}ct\right) + b_n \sin\left(\frac{n\pi}{l}x\right) \sin\left(\frac{n\pi}{l}ct\right)$$
$$(4.31)$$

die Wellengleichung mit den geforderten Randbedingungen löst, wobei das $\zeta_n \in \mathbb{R}$ für eine beliebige Konstante steht, die zu dem Produkt der gefundenen Lösungen hinzu multipliziert werden kann und $a_n = \zeta_n \cdot c_2 \cdot c_3 \in \mathbb{R}$ und $b_n = \zeta_n \cdot c_2 \cdot c_4 \in \mathbb{R}$.

Physikalisch gesehen stellt diese Gleichung die einzelnen möglichen Schwingungen einer Saite dar, wenn sich auf ihr eine stehende Welle mit sogenannten Schwingungsknoten an beiden festen Enden bildet. Diese Welle hat die Eigenschaft nur gewisse Frequenzen abhängig vom Abstand l zwischen den Befestigungspunkten anzunehmen. Dabei bezeichnen wir die Schwingung für $n = 1$ als Grundschwingung und die Schwingungen für größere n als $(n-1)$-te Oberschwingung, wobei diese in der Realität nie einzeln wahrzunehmen sind, sondern sich immer überlagern (vgl. Kallenrode (2005)). Die ersten drei Schwingungen sind in Abbildung 4.1 dargestellt.

Dass wir diese einzelnen Schwingungen nur als Überlagerung wahrnehmen, lässt schon vermuten, dass wir noch nicht die allgemeine Lösung für unser Randwertproblem gefunden haben. Wir nutzen deswegen wie Heuser (2004) die Beobachtung, dass jede Summe

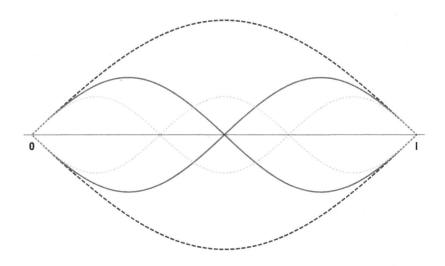

Abbildung 4.1: Ortsdarstellung der stehenden Welle einer schwingenden
Saite der Länge l für:
$n = 1$ (gestrichelt bzw. blau),
$n = 2$ (durchgezogen bzw. rot) und
$n = 3$ (gepunktet bzw. grün)

$A_1 + A_2 + \cdots + A_n$ *ebenso eine Lösung der Wellengleichung (4.14)*
mit den Randwerten (4.24) und (4.25) ist. Weiter ist die Reihe

$$A(t, x) = \sum_{n=1}^{\infty} A_n(t, x)$$

$$= \sum_{n=1}^{\infty} \sin\left(\frac{n\pi}{l}x\right) \left[a_n \cos\left(\frac{n\pi}{l}ct\right) + b_n \sin\left(\frac{n\pi}{l}ct\right)\right] \quad (4.32)$$

eine Lösung unseres Randwertproblems unter der Voraussetzung, dass
sie konvergiert und zweimal gliedweise nach t und x differenziert wer-
den darf. Erinnern wir uns zurück an Abschnitt 2.2 und betrachten
die Definition der Fourier-Reihen (vgl. Gl. (2.9)), so sehen wir, dass
unsere Lösung eine Fourier-Reihe mit zusätzlichem Faktor $\sin\left(\frac{n\pi}{l}x\right)$

im Fall $a_0 = 0$ ist. Nun haben wir das Glück, dass die Funktionen 1, sin und cos, auf denen die Fourier-Reihe aufbaut, nicht nur ein orthogonales sondern auch ein vollständiges Funktionensystem in dem von uns betrachteten Raum der l-periodischen L^2-Funktionen bilden (vgl. Heuser (2004)). Die Vollständigkeit des orthonormalen Funktionensystem bedeutet nach Barner und Flohr (2000), dass es unmöglich ist, dieses zu erweitern. Nutzen wir ein solches Funktionensystem wie hier als Basis zur Darstellung einer Lösung einer Differentialgleichung, so folgt daraus, dass es keine weiteren Lösungen, als die auf diese Weise dargestellten, gibt. Aus diesem Grund ist Gl. (4.32) die allgemeine Lösung des Randwertproblems. Für die Beweise zur Konvergenz und Differenzierbarkeit der Fourier-Reihe sei an dieser Stelle auf Heuser (2004) verwiesen.

Zur Bestimmung der Fourier-Koeffizienten a_n und b_n benötigen wir die zwei zusätzlichen Anfangsbedingungen

$$A(0, x) = A_0(x) \quad und \tag{4.33}$$

$$\dot{A}(0, x) = A_1(x). \tag{4.34}$$

Wenden wir diese auf unsere allgemeine Lösung (4.32) an, so ergibt sich folgende Darstellung für die ausschließlich von x abhängige Funktion $A_0(x)$

$$A_0(x) = A(0, x) = \sum_{n=1}^{\infty} \sin\left(\frac{n\pi}{l}x\right) a_n,$$

sodass wir ähnlich wie in Gl. (2.19) die Fourier-Koeffizienten a_n durch

$$a_n = \frac{2}{l} \int_0^l dx A_0(x) \sin\left(\frac{n\pi}{l}x\right) \tag{4.35}$$

(vgl. Bronstein u. a. (2013)) bestimmen können. Das unterschiedliche Ergebnis im Vergleich zum Mathematikkapitel ergibt sich, da wir hier vom Intervall $[0, l]$ und nicht $\left[-\frac{l}{2}, \frac{l}{2}\right]$ ausgehen. Zuletzt wollen wir noch die Fourier-Koeffizienten b_n bestimmen. Dazu betrachten wir

$A_1(x)$ *beziehungsweise die zeitliche Ableitung unserer allgemeinen Lösung (4.32)*

$$\dot{A}(t,x) = \sum_{n=1}^{\infty} \sin\left(\frac{n\pi}{l}x\right)\left[-a_n\frac{n\pi}{l}c\sin\left(\frac{n\pi}{l}ct\right) + b_n\frac{n\pi}{l}c\cos\left(\frac{n\pi}{l}ct\right)\right]$$

$$A_1(x) = \dot{A}(0,x) = \sum_{n=1}^{\infty} \sin\left(\frac{n\pi}{l}x\right)b_n\frac{n\pi}{l}c$$

und erhalten wie oben die Fourier-Koeffizienten

$$b_n = \frac{2}{l}\frac{l}{n\pi c}\int_0^l dx\,A_1(x)\sin\left(\frac{n\pi}{l}x\right)$$

$$= \frac{2}{n\pi c}\int_0^l dx\,A_1(x)\sin\left(\frac{n\pi}{l}x\right) \qquad (4.36)$$

(vgl. Bronstein u. a. (2013)).

Wir benötigen hier also zur eindeutigen Bestimmung der Fourier-Koeffizienten und damit zur eindeutigen Bestimmung der Lösung die zwei Anfangsbedingungen (4.33) und (4.34). Dabei gibt uns die erste Bedingung die räumliche Verteilung zum Startzeitpunkt und die zweite Bedingung die Geschwindigkeit, mit der gestartet wird, an. Die notwendigen Anfangsbedingungen sind somit analog zu denen des harmonischen Oszillators aus Abschnitt 3.2.1. In Beispiel 5 benötigten wir die Vorgaben $x(0) = x_0$ zum Startort und $\dot{x}(0) = v_0$ zur Startgeschwindigkeit, um die eindeutige Lösung der Anfangswertprobleme zu bestimmen.

Alle Lösungen der im Beispiel schwingenden Saite sind also abhängig vom diskreten Parameter n. Ohne die entsprechenden Randwerte bekommen wir keinen Zusammenhang zu einem diskreten Parameter. Stattdessen arbeiten wir für den allgemeineren Fall mit dem kontinuierlichen k, welches wir nun mangels Randbedingungen nicht weiter klassifizieren können.

Analog zu dem Beispiel sehen wir jedoch auch im allgemeinen Fall bei der Zurückführung der gefundenen Lösungen für T und X auf den gewählten Separationsansatz, dass

$$A_{k,ij}(t,x) = c \cdot T_{k,i}(t) \cdot X_{k,j}(x), \quad \text{je nach Ansatz } c \in \mathbb{C} \text{ oder } c \in \mathbb{R},$$
(4.37)

die Wellengleichung erfüllt, wobei die Indizes i und j für die verschiedenen oben definierten Konstanten stehen (vgl. Gl. (4.19)-(4.22)).

Während wir im diskreten Fall die allgemeine Lösung durch Bildung der Fourier-Reihe erhalten haben, müssen wir im kontinuierlichen Fall analog das Fourier-Integral verwenden. Dieses übernimmt die Eigenschaft der Erfassung aller Lösungen der Fourier-Reihe, da es lediglich die Verallgemeinerung auf eine kontinuierliche Summationsbeziehungsweise Integrationsvariable bildet (vgl. Nolting (2002)). Die allgemeine Lösung ergibt sich zu

$$A(t,x) = \frac{1}{\sqrt{2\pi}} \int_{-\infty}^{\infty} dk \left[a(k)e^{-i(\omega t - kx)} + a^*(k)e^{i(\omega t - kx)} \right].$$
(4.38)

Dabei führen wir eigentlich eine Fourier-Transformation durch, wobei $[a(k) + a^*(-k)]$ die Fourier-Transformierte von $A(0,x)$ ist. Wir haben also

$$A_0(x) = A(0,x) = \frac{1}{\sqrt{2\pi}} \int_{-\infty}^{\infty} dk \tilde{A}_0(k)e^{ikx}$$

$$= \frac{1}{\sqrt{2\pi}} \int_{-\infty}^{\infty} dk \left[a(k) + a^*(-k) \right] e^{ikx}$$

$$= \frac{1}{\sqrt{2\pi}} \int_{-\infty}^{\infty} dk \left[a(k)e^{ikx} + a^*(k)e^{-ikx} \right]$$

so um die zeitliche Komponente ergänzt, dass im Inneren des Integrals der zweite Summand das komplex Konjugierte des ersten darstellt und wir insgesamt eine reelle Lösung bekommen.

Andererseits gilt immer noch, dass wir die allgemeine Lösung durch Bildung aller möglichen Linearkombinationen von Lösungen finden. Wegen des kontinuierlichen Parameters k müssen wir jedoch hier zusätzlich über diesen Parameter integrieren. Im Gegensatz zum Fourier-Integral oben beachten wir aber nun, dass wir aus mathematischer Sicht mit $k \geq 0$ bereits alle möglichen Lösungen erhalten. Deshalb ist also

$$
\begin{aligned}
A(t,x) &= \int_0^\infty dk \sum_{i,j} A_{k,ij}(t,x) \\
&= \int_0^\infty dk \left[c_{\alpha\alpha} A_{k,\alpha\alpha}(t,x) + c_{\alpha\beta} A_{k,\alpha\beta}(t,x) \right. \\
&\qquad\qquad \left. + c_{\beta\alpha} A_{k,\beta\alpha}(t,x) + c_{\beta\beta} A_{k,\beta\beta}(t,x) \right] \\
&= \int_0^\infty dk \left[c_{\alpha\alpha} \alpha_t \alpha_x \sin(kx)\sin(\omega t) + c_{\alpha\beta} \alpha_t \beta_x \cos(kx)\sin(\omega t) \right. \\
&\qquad\qquad \left. + c_{\beta\alpha} \beta_t \alpha_x \sin(kx)\cos(\omega t) + c_{\beta\beta} \beta_t \beta_x \cos(kx)\cos(\omega t) \right] \\
&=: \int_0^\infty dk \left[c_1 \sin(kx)\sin(\omega t) + c_2 \cos(kx)\sin(\omega t) \right. \\
&\qquad\qquad \left. + c_3 \sin(kx)\cos(\omega t) + c_4 \cos(kx)\cos(\omega t) \right] \qquad (4.39)
\end{aligned}
$$

die allgemeine Lösung, wobei die c_i, $i = 1, 2, 3, 4$, Funktionen von $\mathbb{R}_0^+$ nach $\mathbb{R}$ sind. Wir schreiben aus Gründen der Übersichtlichkeit aber nur c_i statt $c_i(k)$.

Gibt es also zwei verschiedene allgemeine Lösungen?

Die Antwort auf diese Frage lautet nein, denn in der allgemeinen Lösung müssen alle möglichen Lösungen enthalten sein und somit ist diese eindeutig. Dennoch sind beide Herangehensweisen oben korrekt, was bedeutet, dass diese beiden Darstellungsweisen in den Gleichungen (4.38) und (4.39) äquivalent und somit die gleiche allgemeine Lösung sind.

Um diese Gleichheit nachzuvollziehen, schreiben wir beide Lösungsdarstellungen um. Wir beginnen mit Gl. (4.38) und schreiben zunächst die komplexen, von k abhängigen Vorfaktoren als

$$
\begin{aligned}
a(k) &= Re[a(k)] + iIm[a(k)] \\
a^*(k) &= Re[a(k)] - iIm[a(k)],
\end{aligned}
$$

was uns zu folgender Rechnung führt:

$$A(t,x) = \frac{1}{\sqrt{2\pi}} \int_{-\infty}^{\infty} dk \left\{ Re[a(k)] \left[e^{-i(\omega t - kx)} + e^{i(\omega t - kx)} \right] \right.$$
$$\left. + i Im[a(k)] \left[e^{-i(\omega t - kx)} - e^{i(\omega t - kx)} \right] \right\}$$
$$\overset{(3.22),(3.23)}{=} \frac{1}{\sqrt{2\pi}} \int_{-\infty}^{\infty} dk \left\{ Re[a(k)] 2 \cos(\omega t - kx) \right.$$
$$\left. + i Im[a(k)] 2i \sin(\omega t - kx) \right\}$$
$$= \frac{2}{\sqrt{2\pi}} \int_{-\infty}^{\infty} dk \left\{ Re[a(k)] \cos(\omega t - kx) \right.$$
$$\left. - Im[a(k)] \sin(\omega t - kx) \right\}. \tag{4.40}$$

Das genügt uns für die erste Darstellung der Lösung und wir schauen uns nun die zweite Darstellung aus Gl. (4.39) an und verwenden die Additionstheoreme der Trigonometrischen Funktionen,

$$\sin(x \pm y) = \sin(x)\cos(y) \pm \cos(x)\sin(y)$$
$$\Rightarrow \sin(x)\cos(y) = \frac{1}{2}[\sin(x-y) + \sin(x+y)]$$
$$\Rightarrow \cos(x)\sin(y) = \frac{1}{2}[\sin(x+y) - \sin(x-y)]$$
$$\cos(x \pm y) = \cos(x)\cos(y) \mp \sin(x)\sin(y)$$
$$\Rightarrow \sin(x)\sin(y) = \frac{1}{2}[\cos(x-y) - \cos(x+y)]$$
$$\Rightarrow \cos(x)\cos(y) = \frac{1}{2}[\cos(x-y) + \cos(x+y)],$$

um die Lösung umzuschreiben zu

$$A(t,x) = \frac{1}{2} \int_0^\infty dk \{ c_1 [\cos(\omega t - kx) - \cos(\omega t + kx)]$$
$$+ c_2 [\sin(\omega t + kx) - \sin(\omega t - kx)]$$
$$+ c_3 [\sin(\omega t - kx) + \sin(\omega t + kx)]$$
$$+ c_4 [\cos(\omega t - kx) + \cos(\omega t + kx)] \}$$
$$= \frac{1}{2} \int_0^\infty dk \{ [c_1 + c_4] \cos(\omega t - kx) + [c_4 - c_1] \cos(\omega t + kx)$$
$$+ [c_2 + c_3] \sin(\omega t + kx)$$
$$+ [c_3 - c_2] \sin(\omega t - kx) \} \qquad (4.41)$$
$$\underset{\text{Symmetrie}}{=} \frac{1}{2} \int_0^\infty dk \{ [c_1 + c_4] \cos(\omega t - kx) + [c_4 - c_1] \cos(-\omega t - kx)$$
$$- [c_2 + c_3] \sin(-\omega t - kx)$$
$$+ [c_3 - c_2] \sin(\omega t - kx) \}$$
$$= \frac{1}{2} \int_{-\infty}^\infty dk [C_{14}(k) \cos(\omega t - kx) - C_{23}(k) \sin(\omega t - kx)],$$
$$(4.42)$$

wobei wir nun die Vorfaktoren für die nach links laufenden Wellen ($k < 0$) und die nach rechts laufenden Wellen ($k > 0$) zu

$$C_{14}(k) = \begin{cases} c_1(k) + c_4(k) & k > 0 \\ 2c_4(0) & k = 0 \quad \text{und} \\ c_4(-k) - c_1(-k) & k < 0 \end{cases}$$

$$C_{23}(k) = \begin{cases} c_2(k) - c_3(k) & k > 0 \\ -2c_2(0) & k = 0 \\ c_2(-k) + c_3(-k) & k < 0 \end{cases}$$

zusammengefasst haben.

Vergleichen wir nun die beiden umgeformten Gleichungen (4.40) und (4.42), so stellen wir fest, dass sie für

$$C_{14}(k) = \frac{4}{\sqrt{2\pi}} Re[a(k)] \text{ und}$$

$$C_{23}(k) = \frac{4}{\sqrt{2\pi}} Im[a(k)]$$

identisch sind. Wir haben also gezeigt, dass die Gleichungen (4.38) und (4.39) beide die eindeutige allgemeine Lösung darstellen. Wegen der übersichtlicheren Form wird in der Literatur jedoch immer die Variante als Fourier-Transformation mit der e-Funktion verwendet (vgl. Nolting (2002)).

Weiter fällt auf, dass die beiden Lösungsdarstellungen (4.38) und (4.39) von jeweils zwei reellen von k abhängigen Funktionen ($Re[a(k)]$ und $Im[a(k)]$ beziehungsweise $C_{14}(k)$ und $C_{23}(k)$) abhängen. Dies ist insofern wenig überraschend, da die gelöste Differentialgleichung (4.14) sowohl zeitlich als auch räumlich die Ordnung 2 hat. Somit benötigen wir zwei Anfangs- oder Randwerte, um ein Problem mit dieser Differentialgleichung eindeutig zu lösen. Daher muss es auch zwei reelle Funktionen in der Lösung geben, in die die Anfangs- beziehungsweise Randwerte eingehen.

4.2.3 Die Lösung der dreidimensionalen homogenen Wellengleichung

Wir betrachten nun die Wellengleichung für das Vektorpotential $\vec{A}$,

$$\frac{1}{c^2} \frac{\partial^2}{\partial t^2} \vec{A}(t, \vec{x}) - \Delta \vec{A}(t, \vec{x}) = \vec{0}. \tag{4.43}$$

Um die Gleichung zu lösen, wählen wir den Separationsansatz

$$\vec{A}(t, \vec{x}) = \begin{pmatrix} A_x(t, \vec{x}) \\ A_y(t, \vec{x}) \\ A_z(t, \vec{x}) \end{pmatrix} = \begin{pmatrix} \epsilon_x \\ \epsilon_y \\ \epsilon_z \end{pmatrix} \cdot T(t) X(x) Y(y) Z(z), \tag{4.44}$$

wobei $\vec{\epsilon}$ der sogenannte Polarisationsvektor ist, der die Richtung angibt, in die das Vektorpotential $\vec{A}$ schwingt.

Ähnlich wie im eindimensionalen Fall ergibt sich für jede Komponente von $\vec{A}$, weil sich der Vorfaktor ϵ_i, $i = 1, 2, 3$ wegkürzt,

$$\frac{\ddot{T}}{T} = c^2 \frac{X''}{X} + c^2 \frac{Y''}{Y} + c^2 \frac{Z''}{Z} = -\omega^2 = konst., \qquad (4.45)$$

wobei hier direkt das Quadrat der Frequenz $\omega \in \mathbb{R}_0^+$ mit negativem Vorzeichen als Separationskonstante (für die Zeit) verwendet wird, was in Abschnitt 4.2.2 mit der physikalischen Nebenbedingung der Endlichkeit der Lösungen hergeleitet wurde. Ebenso wird die im Eindimensionalen gefundene Dispersionsrelation nun auf den Wellenvektor $\vec{k}$, der in die Ausbreitungsrichtung der Welle zeigt, angepasst, sodass sich mit $\omega^2 = c^2 \vec{k}^2$ die Gleichung

$$\frac{X''}{X} + \frac{Y''}{Y} + \frac{Z''}{Z} = -\frac{\omega^2}{c^2} = -\vec{k}^2 = -k_x^2 - k_y^2 - k_z^2 \qquad (4.46)$$

für die drei Ortskomponenten ergibt. Es folgen für die einzelnen separierten Variablen also die Gleichungen

$$X''(x) + k_x^2 X(x) = 0$$
$$Y''(y) + k_y^2 Y(y) = 0$$
$$Z''(z) + k_z^2 Z(z) = 0$$
$$\ddot{T}(t) + \omega^2 T(t) = 0,$$

mit den Lösungen wie im Abschnitt zuvor

$$X(x) = a_x e^{ik_x x} + b_x e^{-ik_x x} \qquad (4.47)$$

$$Y(y) = a_y e^{ik_y x} + b_y e^{-ik_y y} \qquad (4.48)$$

$$Z(z) = a_z e^{ik_z z} + b_z e^{-ik_z z} \qquad (4.49)$$

$$T(t) = a_t e^{-i\omega t} + b_t e^{i\omega t}, \qquad (4.50)$$

sodass beispielsweise

$$A_i(t, \vec{x}) = \epsilon_i(\vec{k}) e^{-i(\omega t - \vec{k} \cdot \vec{x})}, \ i = 1, 2, 3 \qquad (4.51)$$

eine Lösung für eine Komponente der dreidimensionalen Wellengleichung ist (vgl. Korsch (2004)), wobei wir hier nun die Abhängigkeit
des Polarisationsvektors vom Wellenvektor noch eingebaut haben. Wir
rechnen kurz nach, dass Gl. (4.51) tatsächlich eine Lösung für eine
Komponente der Wellengleichung ist:

$$\frac{1}{c^2}\frac{\partial^2}{\partial t^2}A_i(t,\vec{x}) = -\frac{\omega^2}{c^2}\epsilon_i(\vec{k})e^{-i(\omega t - \vec{k}\cdot\vec{x})} = -\vec{k}^2\epsilon_i(\vec{k})e^{-i(\omega t - \vec{k}\cdot\vec{x})} \quad \text{und}$$

$$\Delta A_i(t,x) = -\vec{k}^2\epsilon_i(\vec{k})e^{-i(\omega t - \vec{k}\cdot\vec{x})}.$$

Demnach ist

$$\vec{A}(t,\vec{x}) = \vec{\epsilon}(\vec{k})e^{-i(\omega t - \vec{k}\cdot\vec{x})} \tag{4.52}$$

eine komplexe Lösung der dreidimensionalen Wellengleichung. Eine
reelle Lösung ergibt sich hier wieder durch Addition des komplex
Konjugierten. Die allgemeine Lösung folgt wie im eindimensionalen
Raum durch die Bildung des Fourier-Integrals über eine so gefundene
reelle Lösung. Dieses Integral ist hier dreidimensional, weshalb sich
ein anderer Vorfaktor ergibt. Es folgt die allgemeine Lösung

$$\vec{A}(t,\vec{x}) = \frac{1}{\sqrt{2\pi}^3}\int d^3k \left(a(\vec{k})\vec{\epsilon}(\vec{k})e^{-i(\omega t - \vec{k}\cdot\vec{x})} + a^*(\vec{k})\vec{\epsilon}^*(\vec{k})e^{i(\omega t - \vec{k}\cdot\vec{x})} \right).$$
$$\tag{4.53}$$

Wir erinnern uns nun an Abschnitt 4.2.1 und möchten unsere gefundene Lösung (4.52), die nach Nolting (2002) für eine monochromatische
ebene Welle steht, nutzen, um Information über das elektrische und
magnetische Feld zu erhalten. Dabei lassen wir uns nicht davon verun-
sichern, dass die Ergebnisse komplex sein werden, obwohl wir am Ende
eine reelle Lösung erwarten. Das liegt daran, dass wir aus Gründen
der einfacheren Rechnung nur mit einem (komplexen) Teil der allgemeinen Lösung arbeiten. Würden wir eine kompliziertere aber reelle
Lösung für unsere Betrachtungen nutzen, bekämen wir qualitativ die
gleichen Ergebnisse mit dem Unterschied, dass die erhaltenen Felder
reell wären.

Mit Gl. (4.10) ergibt sich für das magnetische Feld

$$\vec{B} = \vec{\nabla} \times \vec{A} = \vec{\nabla} \times \vec{\epsilon}(\vec{k})e^{-i(\omega t - \vec{k}\cdot\vec{x})} = i\vec{k} \times \vec{\epsilon}(\vec{k})e^{-i(\omega t - \vec{k}\cdot\vec{x})}. \tag{4.54}$$

Wegen der Definition des Kreuzproduktes (vgl. Furlan (2012a)) folgt
daraus sofort, dass $\vec{B} \perp \vec{k}$ und $\vec{B} \perp \vec{\epsilon}$, also, dass die Richtung, in die das
magnetische Feld schwingt, sowohl senkrecht zum Polarisationsvektor
als auch zur Ausbreitungsrichtung der ebenen Welle ist.

Für das elektrische Feld erhalten wir mit Gl. (4.11)

$$\vec{E} = -\frac{\partial}{\partial t}\vec{A} = i\omega\vec{\epsilon}(\vec{k})e^{-i(\omega t - \vec{k}\cdot\vec{x})}. \tag{4.55}$$

Anhand dieser Gleichung sehen wir $\vec{E} \parallel \vec{\epsilon}$, das heißt, das elektrische
Feld schwingt in die gleiche Richtung, in die auch der Polarisations-
vektor zeigt. Weiter sehen wir wegen der zweiten Maxwell-Gleichung
für den Fall ohne äußere Quellen, $\vec{\nabla} \cdot \vec{E} = 0$,

$$i\vec{k} \cdot i\omega\vec{\epsilon}(\vec{k})e^{-i(\omega t - \vec{k}\cdot\vec{x})} = i\vec{k} \cdot \vec{E} = 0. \tag{4.56}$$

Daraus folgt $\vec{E} \perp \vec{k}$, also, dass das elektrische Feld senkrecht zur
Ausbreitungsrichtung der ebenen Welle schwingt und wegen $\vec{E} \parallel \vec{\epsilon}$
auch die Polarisationsrichtung senkrecht zur Ausbreitungsrichtung ist.
Es handelt sich damit bei monochromatischen ebenen elektromagnetischen Wellen um sogenannte Transversalwellen. Desweiteren folgt
wegen $\vec{B} \perp \vec{\epsilon}$, dass auch das magnetische und das elektrische Feld
senkrecht zueinander sind.

4.2.4 Die Methode von Fourier zur Lösung der homogenen Wellengleichung

Als Alternative zum Seperationsansatz schauen wir uns nun die Methode von Fourier an, die nach Evans (1998) auf der geschickten
Anwendung der Fourier-Transformation beruht. Wir betrachten hier
allerdings nur die eindimensionale Wellengleichung (4.14) für das
Potential $A(t, x)$

$$\frac{\partial^2 A}{\partial t^2} - c^2\frac{\partial^2 A}{\partial x^2} = 0,$$

da wir lediglich die Methode von Fourier einmal durchführen wollen.
Die gesuchte allgemeine Lösung kennen wir bereits aus Abschnitt
4.2.2.

Im ersten Schritt schreiben wir die gesuchte Funktion mit Hilfe ihrer Fourier-Transformierten bezüglich des Ortes auf. So erhalten wir

$$A(t,x) = \frac{1}{\sqrt{2\pi}} \int_{-\infty}^{\infty} dk\, \tilde{A}(t,k)e^{ikx}.$$

Diese Darstellung setzen wir nun in die Wellengleichung (4.14) ein, sodass folgt:

$$
\begin{aligned}
0 &= \left(\frac{\partial^2}{\partial t^2} - c^2 \frac{\partial^2}{\partial x^2} \right) A(t,x) \\
&= \left(\frac{\partial^2}{\partial t^2} - c^2 \frac{\partial^2}{\partial x^2} \right) \frac{1}{\sqrt{2\pi}} \int_{-\infty}^{\infty} dk\, \tilde{A}(t,k)e^{ikx} \\
&= \frac{1}{\sqrt{2\pi}} \int_{-\infty}^{\infty} dk \left(\frac{\partial^2}{\partial t^2} - c^2 \frac{\partial^2}{\partial x^2} \right) \left(\tilde{A}(t,k)e^{ikx} \right) \\
&= \frac{1}{\sqrt{2\pi}} \int_{-\infty}^{\infty} dk \left(\frac{\partial^2}{\partial t^2} \tilde{A}(t,k) + c^2 k^2 \tilde{A}(t,k) \right) e^{ikx}.
\end{aligned}
$$

Wegen der Normerhaltung der Fourier-Transformation (vgl. Gl. (2.34)) folgt, dass, weil die ursprüngliche Gleichung null ergibt, auch die transformierte Gleichung gleich null sein muss. So erhalten wir die folgende Gleichung für eine feste Wellenzahl $k \in \mathbb{R}$:

$$0 = \frac{\partial^2}{\partial t^2} \tilde{A}(t,k) + c^2 k^2 \tilde{A}(t,k).$$

Die Lösung dieser (homogenen Schwingungs-) Gleichung für die Fourier-Transformierte des Potentials kennen wir bereits aus Abschnitt 3.2.1. Für $\omega_0^2 = c^2 k^2 \geq 0$ und mit der Dispersionsrelation $\omega = c|k| \geq 0$ (vgl. Gl. (4.23)) für eine feste Frequenz ω folgt aus Gl. (3.6):

$$\tilde{A}(t,x) = ae^{i\omega t} + be^{-i\omega t}, \ a, b \in \mathbb{C}.$$

Eingesetzt in den Ansatz für die Darstellung der gesuchten Lösung durch die Fourier-Transformierte $\tilde{A}(t,x)$ mit der Anpassung, dass die obigen Konstanten $a, b \in \mathbb{C}$ für festes k beziehungsweise ω nun im Fourier-Integral, wo k nicht mehr fest ist, von k abhängig sind, erhalten wir so mit

$$A(t,x) = \frac{1}{\sqrt{2\pi}} \int_{-\infty}^{\infty} dk \left[a(k)e^{i\omega t} + b(k)e^{-i\omega t} \right] e^{ikx}$$

$$= \frac{1}{\sqrt{2\pi}} \int_{-\infty}^{\infty} dk \left[a(k)e^{i(\omega t + kx)} + b(k)e^{-i(\omega t - kx)} \right] \quad (4.57)$$

eine weitere Darstellung der allgemeinen Lösung der eindimensionalen Wellengleichung, wobei hier die Frequenz $\omega = \omega(k) = c|k|$ wie oben bemerkt von k abhängig ist. Wir zeigen nun kurz, dass auch diese Darstellung äquivalent zu den obigen Darstellungen (4.38) und (4.39) ist. Dazu formen wir Gl. (4.57) so um, dass wir die zwischenzeitliche Darstellung (4.41) von oben erhalten:

$$A(t,x) = \frac{1}{\sqrt{2\pi}} \int_{-\infty}^{\infty} dk \left[a(k)e^{i(\omega t + kx)} + b(k)e^{-i(\omega t - kx)} \right]$$

$$= \frac{1}{\sqrt{2\pi}} \int_{-\infty}^{\infty} dk \{ a(k)[\cos(\omega t + kx) + i\sin(\omega t + kx)]$$

$$+ b(k)[\cos(\omega t - kx) - i\sin(\omega t - kx)] \}$$

$$= \frac{1}{\sqrt{2\pi}} \int_{0}^{\infty} dk \{ a(k)[\cos(\omega t + kx) + i\sin(\omega t + kx)]$$

$$+ b(k)[\cos(\omega t - kx) - i\sin(\omega t - kx)] \}$$

$$+ \frac{1}{\sqrt{2\pi}} \int_{-\infty}^{0} dk \{ a(k)[\cos(\omega t + kx) + i\sin(\omega t + kx)]$$

$$+ b(k)[\cos(\omega t - kx) - i\sin(\omega t - kx)] \}$$

$$A(t,x) = \frac{1}{\sqrt{2\pi}} \int_0^\infty dk \{ a(k)[\cos(\omega t + kx) + i\sin(\omega t + kx)]$$
$$+ b(k)[\cos(\omega t - kx) - i\sin(\omega t - kx)]\}$$
$$+ \frac{1}{\sqrt{2\pi}} \int_0^\infty dk \{ a(-k)[\cos(\omega t - kx) + i\sin(\omega t - kx)]$$
$$+ b(-k)[\cos(\omega t + kx) - i\sin(\omega t + kx)]\}$$
$$\underset{\text{Symmetrie}}{=} \frac{1}{\sqrt{2\pi}} \int_0^\infty dk \Big\{ [a(k) + b(-k)]\cos(\omega t + kx)$$
$$+ i[a(k) - b(-k)]\sin(\omega t + kx)$$
$$+ [a(-k) + b(k)]\cos(\omega t - kx)$$
$$+ i[a(-k) - b(k)]\sin(\omega t - kx) \Big\}$$
$$=: (4.41),$$

wobei nun

$$c_4 - c_1 = \sqrt{\frac{2}{\pi}}\,[a(k) + b(-k)] \qquad c_2 + c_3 = \sqrt{\frac{2}{\pi}}\,i\,[a(k) - b(-k)]$$
$$c_1 + c_4 = \sqrt{\frac{2}{\pi}}\,[a(-k) + b(k)] \qquad c_3 - c_2 = \sqrt{\frac{2}{\pi}}\,i\,[a(-k) - b(k)].$$

4.2.5 Die Methode von d'Alembert zur Lösung von Randwertproblemen

Die Methode von d'Alembert stellt noch eine andere Lösungsmethode für die Wellengleichung dar und beruht auf der Beobachtung von sogenannten Charakteristiken. Sie spielt in der Physik eine weniger bedeutende Rolle als der Separationsansatz oder die Methode von Fourier, da die Methode nur für die Wellengleichung angewendet werden kann, während gerade der Separationsansatz für beliebige partielle Differentialgleichungen benutzt wird. Andererseits findet sich diese Methode von d'Alembert in fast jeder Literatur, die sich mit der Wellengleichung beschäftigt, da sie eine eindeutige Lösungsformel für Randwertprobleme der Wellengleichung liefert, die sogar physikalisch als rechts- und linkslaufende Welle interpretierbar ist. Aus diesem

Grund wird die Methode von d'Alembert in dieser Arbeit kurz beleuchtet, wenn auch nur für den eindimensionalen homogenen Fall, da die Verallgemeinerung auf n Dimensionen aufgrund auftretender sphärischer Integrale ebenso wie die Betrachtung von Inhomogenitäten an dieser Stelle zu weit führen würden. Zu den weiteren Ausführungen sei auf die Literatur (zum Beispiel Evans (1998) oder Schweizer (2013)) verwiesen. An den genannten Büchern wird sich auch im Folgenden orientiert.

Wir betrachten das Randwertproblem

$$\frac{\partial^2}{\partial t^2} u(t,x) - c^2 \frac{\partial^2}{\partial x^2} u(t,x) = 0, \ u(0,x) = u_0(x), \ \frac{\partial}{\partial t} u(0,x) = u_1(x).$$

$$(4.58)$$

Im ersten Schritt teilen wir die Wellengleichung auf in zwei verknüpfte Differentialgleichungen. Nach der dritten binomischen Formel gilt

$$
\begin{aligned}
0 &= \frac{\partial^2}{\partial t^2} u(t,x) - c^2 \frac{\partial^2}{\partial x^2} u(t,x) \\
&= \left(\frac{\partial^2}{\partial t^2} - c^2 \frac{\partial^2}{\partial x^2} \right) u(t,x) \\
&= \left(\frac{\partial}{\partial t} + c \frac{\partial}{\partial x} \right) \cdot \left(\frac{\partial}{\partial t} - c \frac{\partial}{\partial x} \right) u(t,x) \\
&=: \left(\frac{\partial}{\partial t} + c \frac{\partial}{\partial x} \right) v(t,x).
\end{aligned}
$$

Wir betrachten zunächst die Differentialgleichung für $v : \mathbb{R} \times \mathbb{R} \to \mathbb{R}$ und sehen, dass wir eine Funktion $z : \mathbb{R} \to \mathbb{R}$ finden können mit

$$
\begin{aligned}
z(s) &:= v(t+s, x+cs) \\
z'(s) &= \frac{\partial}{\partial t} v(t+s, x+cs) + c \frac{\partial}{\partial x} v(t+s, x+cs) = 0.
\end{aligned}
$$

Also ist z konstant für alle $s \in \mathbb{R}$. Diese so gefundenen Kurven sind also konstant, und wir bezeichnen sie als Charakteristika oder charakteristische Linien (vgl. Schweizer (2013)). Da z konstant ist, gilt weiter:

$$v(t,x) = z(0) = z(-t) = v(0, x - ct) \quad \text{für alle } t, x \in \mathbb{R}.$$

Es folgt mit der Randwertfunktion

$$a(x) := v(0,x) = \frac{\partial}{\partial t}u(0,x) - c\frac{\partial}{\partial x}u(0,x) = u_1(x) - cu_0'(x)$$

$$v(t,x) = a(x - ct) = u_1(x - ct) - cu_0'(x - ct). \tag{4.59}$$

Nachdem wir nun die Differentialgleichung für v gelöst haben, widmen wir uns der für u und stellen fest, dass diese nun mit

$$\left(\frac{\partial}{\partial t} - c\frac{\partial}{\partial x}\right)u(t,x) = v(t,x) = a(x - ct) \tag{4.60}$$

inhomogen ist. Allerdings hilft uns die Funktion z (hier nur für u statt v) auch dieses Mal weiter. Dazu definieren wir zunächst die Hilfsvariablen

$$\tilde{t} := t + s \text{ und}$$

$$\tilde{x} := x - cs,$$

sodass

$$z(s) := u(t + s, x - cs) = u(\tilde{t}, \tilde{x})$$

$$z'(s) = \frac{\partial}{\partial t}u(t + s, x - cs) - c\frac{\partial}{\partial x}u(t + s, x - cs)$$

$$= \frac{\partial}{\partial \tilde{t}}u(\tilde{t}, \tilde{x}) - c\frac{\partial}{\partial \tilde{x}}u(\tilde{t}, \tilde{x})$$

$$\underset{(4.60)}{=} a(\tilde{x} - c\tilde{t}) = a((x - cs) - c(t + s))$$

die gewöhnliche Differentialgleichung

$$z'(s) = a((x - cs) - c(t + s))$$

liefert. Für die Lösung u gilt dann

$$u(t,x) - u_0(x + ct) = z(0) - z(-t) = \int_{-t}^{0} z'(\tilde{s})d\tilde{s}$$

$$= \int_{-t}^{0} a((x - c\tilde{s}) - c(t + \tilde{s}))d\tilde{s}$$

$$\underset{s:=\tilde{s}+t}{=} \int_{0}^{t} a((x - c(s - t)) - cs)ds.$$

Es folgt nun mit einigen Integralumformungen die sogenannte Formel von d'Alembert:

$$u(t, x) = u_0(x + ct) + \int_0^t a((x - c(s - t)) - cs)ds$$

$$= u_0(x + ct) + \int_0^t a(x - 2cs + ct)ds$$

$$\underset{y=x-2cs+ct}{=} u_0(x + ct) - \frac{1}{2c} \int_{x+ct}^{x-ct} a(y)dy$$

$$= u_0(x + ct) + \frac{1}{2c} \int_{x-ct}^{x+ct} a(y)dy$$

$$= u_0(x + ct) + \frac{1}{2c} \int_{x-ct}^{x+ct} \left[u_1(y) - cu_0'(y) \right] dy$$

$$= u_0(x + ct) + \frac{1}{2c} \int_{x-ct}^{x+ct} u_1(y)dy$$

$$- c\frac{1}{2c}u_0(x + ct) + c\frac{1}{2c}u_0(x - ct)$$

$$= \frac{1}{2}u_0(x + ct) + \frac{1}{2}u_0(x - ct) + \frac{1}{2c} \int_{x-ct}^{x+ct} u_1(y)dy. \quad (4.61)$$

Zu beachten ist jedoch, dass diese Formel nur dann eine Lösung des Randwertproblems der eindimensionalen Wellengleichung liefert, wenn überhaupt eine Lösung existiert. Je nach vorgegebenen Randwerten muss eine solche Lösung nicht immer existieren. Deswegen muss immer überprüft werden, ob die durch die Formel von d'Alembert gefundene Lösung (4.61) auch tatsächlich das vorgegebene Problem löst.

Weiter lässt sich die Formel von d'Alembert zu

$$u(t, x) = \frac{1}{2}u_0(x + ct) + \frac{1}{2c} \int_{x+ct}^0 u_1(y)dy$$

$$+ \frac{1}{2}u_0(x - ct) + \frac{1}{2c} \int_0^{x-ct} u_1(y)dy$$

$$=: F(x + ct) + G(x - ct) \quad (4.62)$$

umschreiben, sodass wir sofort sehen, dass sich die Lösung der Wellengleichung $u(t, x)$ (vorausgesetzt es existiert eine Lösung) aus der nach rechts laufenden Welle $G(x - ct)$ und der nach links laufenden Welle $F(x + ct)$ zusammensetzt.

4.2.6 Die inhomogene Wellengleichung

Bisher haben wir uns nur mit der homogenen Wellengleichung in verschiedenen Dimensionen und mit unterschiedlichen Lösungsmethoden beschäftigt. Dazu sind wir von den Maxwell-Gleichungen im Vakuum ohne Quellen ausgegangen. Damit konnten wir bereits herausfinden, in welche Richtungen das magnetische und das elektrische Feld bezüglich der Polarisationsrichtung und der Ausbreitungsrichtung einer monochromatischen ebenen elektromagnetischen Welle schwingen. Es stellt sich die Frage, was sich an unseren bisherigen Betrachtungen ändert, wenn wir nun einen Sender von Wellen, also eine Quelle, zulassen.

In diesem Fall ändern sich unsere erste und dritte Maxwell-Gleichung aus dem Einführungsabschnitt (vgl. Abschnitt 4.2.1) nach Brandt und Dahmen (2005) zu:

$$\vec{\nabla} \cdot \vec{E} = \frac{1}{\epsilon_0} \varrho \qquad \text{und} \qquad (4.63)$$

$$\vec{\nabla} \times \vec{B} = \mu_0 \vec{j} + \frac{1}{c^2} \frac{\partial \vec{E}}{\partial t}. \qquad (4.64)$$

Hierbei stellen ϱ und $\vec{j}$ eine im Raum befindliche Ladungs- und Stromdichte dar, die über die Kontinuitätsgleichung $\vec{\nabla} \cdot \vec{j} = -\dfrac{\partial \varrho}{\partial t}$ miteinander verknüpft sind (vgl. Brandt und Dahmen (2005)).

Für diesen Fall genügt es nicht, das Vektorpotential $\vec{A}$ mit der Coulomb-Eichung zu betrachten, wie wir es zuvor getan haben. Stattdessen müssen wir nach Brandt und Dahmen (2005) nun zusätzlich ein skalares Potential $\Phi(t, \vec{x})$ einführen und die Lorenz-Bedingung

$$\frac{1}{c^2} \frac{\partial \Phi}{\partial t} + \vec{\nabla} \cdot \vec{A} = 0 \qquad (4.65)$$

verwenden.

Mit diesen Potentialen lassen sich nach Nolting (2002) durch

$$\vec{E}(t,\vec{x}) = -\vec{\nabla}\Phi(t,\vec{x}) - \frac{\partial}{\partial t}\vec{A}(t,\vec{x}) \qquad (4.66)$$

$$\vec{B}(t,\vec{x}) = \vec{\nabla} \times \vec{A}(t,\vec{x}) \qquad (4.67)$$

wieder Rückschlüsse auf das elektrische und das magnetische Feld ziehen.

Wir führen an dieser Stelle den sogenannten d'Alembert-Operator

$$\Box = \frac{1}{c^2}\frac{\partial^2}{\partial t^2} - \Delta \qquad (4.68)$$

ein, um im Folgenden die Wellengleichungen mit diesem übersichtlicher aufschreiben zu können.

Wegen der gewählten Lorenz-Eichung ergeben sich durch diesen d'Alembert-Operator ausgedrückt nach Brandt und Dahmen (2005) für Φ und $\vec{A}$ die folgenden entkoppelten inhomogenen partiellen Differentialgleichungen, die getrennt gelöst werden können:

$$\Box\Phi = \frac{1}{\epsilon_0}\varrho \qquad (4.69)$$

$$\Box\vec{A} = \mu_0\vec{j}. \qquad (4.70)$$

Dabei handelt es sich offensichtlich um zwei inhomogene Wellengleichungen. Die Gleichungen sind also vom gleichen Typ und wir lösen hier nur die skalare Gleichung (4.69).

Dazu suchen wir nach einer speziellen Lösung für eine Inhomogenität zur Zeit t' am Ort $\vec{x}'$. Später bilden wir durch Integration der Lösung für diese spezielle Inhomogenität die Lösung für beliebige Inhomogenitäten beziehungsweise die Lösung für die in Gl. (4.69) vorgegebene Inhomogenität. Die allgemeine Lösung setzt sich dann aus der homogenen Lösung, die wir aus den vorherigen Abschnitten kennen, und der durch die Green'sche Funktion (vgl. Abschnitt 3.3) gefundene spezielle Lösung zu

$$\Phi(t, \vec{x}) = \Phi_h(t, \vec{x}) + \Phi_s(t, \vec{x})$$

$$= \frac{1}{\sqrt{2\pi}^3} \int d^3k \left(\phi(\vec{k}) e^{-i(\omega t - \vec{k}\cdot\vec{x})} + \phi^*(\vec{k}) e^{i(\omega t - \vec{k}\cdot\vec{x})} \right)$$

$$+ \int d^4x\, G(x - x') \frac{1}{\epsilon_0} \varrho(t', \vec{x}') \tag{4.71}$$

zusammen. Denn mit der Gleichung für die gesuchte Green'sche Funktion

$$\Box G(ct - ct', \vec{x} - \vec{x}') = \delta(ct - ct')\delta(\vec{x} - \vec{x}') \tag{4.72}$$

$$\text{beziehungsweise } \Box G(x - x') = \delta^4(x - x') \tag{4.73}$$

folgt

$$\Box \Phi(t, \vec{x}) = \Box \Phi_h(t, \vec{x}) + \Box \Phi_s(t, \vec{x})$$

$$= 0 + \int d^4x' \Box G(x - x') \frac{1}{\epsilon_0} \varrho(t', \vec{x}')$$

$$= \int d^4x' \delta^4(x - x') \frac{1}{\epsilon_0} \varrho(t', \vec{x}') = \frac{1}{\epsilon_0} \varrho(t, \vec{x}).$$

Bei Gl. (4.72) für die gesuchte Green'sche Funktion ist zu beachten, dass wieder die Translationsinvarianz gegeben ist, sodass wir direkt $G(ct - ct', \vec{x} - \vec{x}')$ beziehungsweise $G(x - x')$ schreiben, statt eine separate Abhängigkeit von t und t' beziehungsweise $\vec{x}$ und $\vec{x}'$ anzunehmen. Außerdem arbeiten wir mit ct statt t, um auch hier eine räumliche Dimension zu haben. So konnten wir die Gleichung mit $ct = x_0 = x^0$ durch die Vierervektoren

$$(x^\mu) = \begin{pmatrix} x^0 \\ x^1 \\ x^2 \\ x^3 \end{pmatrix} = \begin{pmatrix} x_0 \\ \vec{x} \end{pmatrix} \text{ und } (x_\mu) = \begin{pmatrix} x_0 \\ x_1 \\ x_2 \\ x_3 \end{pmatrix} = \begin{pmatrix} x^0 \\ -x^1 \\ -x^2 \\ -x^3 \end{pmatrix} = \begin{pmatrix} x_0 \\ -\vec{x} \end{pmatrix}$$

$$\tag{4.74}$$

ausdrücken und damit Gl. (4.73) erhalten.

Bevor wir nun mit der Berechnung der Green'schen Funktion beginnen sei bemerkt, dass wir in diesem Fall zwei verschiedene Green'sche Funktionen benötigen. Dabei hängt es von der jeweiligen Situation ab, welche der beiden wir zur Berechnung der speziellen Lösung benutzen müssen. Bei Scheck (2010) finden wir die Namen retardierte Green'sche Funktion $G^{(+)}$ und avancierte Green'sche Funktion $G^{(-)}$. Die retardierte Green'sche Funktion beschreibt den kausalen Zusammenhang zwischen Ursache und Wirkung mit Blickrichtung in die Zukunft. Sie ist also wie die in Abschnitt 3.3 benutzte Green'sche Funktion insbesondere für $t > t'$ nicht identisch null. Die avancierte Green'sche Funktion wird hingegen genutzt, um Rückschlüsse zu ziehen, welcher Zustand in der Vergangenheit zu dem Zustand zur Zeit t' am Ort $\vec{x}'$ geführt hat. Sie bezieht also alle Signale, die zu früheren Zeiten $t < t'$ gesendet wurden, ein. In der Fachsprache bezeichnen wir diese Vorgehensweise nach Scheck (2010) als Betrachten der auslaufenden Lösung, während wir bei der retardierten Green'schen Funktion die einlaufende Lösung anschauen.

Bei der folgenden Berechnung der beiden Green'schen Funktionen ist zunächst das Vorgehen für beide, retardierte und avancierte Green'sche Funktion, identisch. Später müssen wir uns jedoch für eine Blickrichtung entscheiden und getrennte Berechnungen für die retardierte und avancierte Green'sche Funktion vornehmen. Solange wir jedoch von der Green'schen Funktion sprechen bedeutet das, dass die Aussagen und Berechnungen für beide Green'sche Funktionen gültig sind.

Berechnung der Green'schen Funktion

Um die Green'sche Funktion zu berechnen, wenden wir die Fourier-Transformation auf Gl. (4.73) an und erhalten

$$0 = \left(\frac{\partial^2}{\partial x_0{}^2} - \Delta \right) G(x - x') - \delta^4(x - x')$$

$$\underset{(2.51)}{=} \frac{1}{(2\pi)^2} \int d^4k \left[\left(\frac{\partial^2}{\partial x_0{}^2} - \Delta \right) \tilde{G}(k) - \frac{1}{(2\pi)^2} \right] e^{-ik\cdot(x-x')}$$

$$= \frac{1}{(2\pi)^2} \int d^4k \left[\left(-k^0 k_0 - k^1 k_1 - k^2 k_2 - k^3 k_3 \right) \tilde{G}(k) - \frac{1}{(2\pi)^2} \right] e^{-ik\cdot(x-x')}$$

$$= \frac{1}{(2\pi)^2} \int d^4k \left[-k^2 \tilde{G}(k) - \frac{1}{(2\pi)^2} \right] e^{-ik\cdot(x-x')}. \tag{4.75}$$

Wegen der Normerhaltung (vgl. Gl. (2.34)) muss die transformierte Gleichung auch null ergeben, wenn diese Voraussetzung für die ursprüngliche Gleichung gilt. Demnach muss schon der Inhalt der eckigen Klammer null sein und wir erhalten ähnlich wie Wong (1994)

$$\tilde{G}(k) = -\frac{1}{(2\pi)^2 k^2} = -\frac{1}{(2\pi)^2 \left(k_0{}^2 - \vec{k}^2 \right)} = \tilde{G}(k_0, \vec{k}) \tag{4.76}$$

als die transformierte Green'sche Funktion.

Für die Rücktransformation spalten wir das 4-dimensionale Fourier-Integral zunächst auf in das 3-dimensionale räumliche und das 1-dimensionale zeitliche Integral:

$$G(x - x') = \frac{1}{(2\pi)^2} \int d^4k \tilde{G}(k) e^{-ik\cdot(x-x')}$$

$$= \frac{1}{(2\pi)^4} \int d^3k e^{i\vec{k}\cdot(\vec{x}-\vec{x}')} \int_{-\infty}^{\infty} dk_0 e^{-ik_0(x_0-x_0')} \frac{(-1)}{k_0^2 - \vec{k}^2}. \tag{4.77}$$

Nun benutzen wir wieder die komplexe Integration zum Lösen des zeitlichen Integrals. Dazu überprüfen wir die Funktion $\tilde{G}(k)$ zuerst auf mögliche Lücken im Definitionsbereich. Dabei stellen wir fest, dass

es zwei isolierte Singularitäten in der komplexen Ebene gibt. Diese
sind dort, wo

$$k_{0_1} = \sqrt{\vec{k}^2}, \text{ und} \qquad (4.78)$$

$$k_{0_2} = -\sqrt{\vec{k}^2}. \qquad (4.79)$$

Das bedeutet, dass die Singularitäten auf der reellen Achse liegen,
entlang welcher wir integrieren möchten. Um den Cauchy'schen Integralsatz oder den Residuensatz anwenden zu können, dürfen solche
Singularitäten allerdings nicht auf dem Integrationsweg liegen. Daher
verwenden wir wie Scheck (2010) den Trick, dass wir ähnliche Integrale
berechnen bei denen die Singularitäten bei

$$\widetilde{k_{0_{1/2}}} = k_{0_{1/2}} + i\varepsilon \text{ und} \qquad (4.80)$$

$$\widehat{k_{0_{1/2}}} = k_{0_{1/2}} - i\varepsilon \qquad (4.81)$$

liegen für $\varepsilon > 0$. So sind die Singularitäten in der komplexen Ebene
etwas nach oben $(\widetilde{k_{0_{1/2}}})$ beziehungsweise nach unten $(\widehat{k_{0_{1/2}}})$ verschoben.
Später können wir dann den Grenzwert für $\varepsilon \to 0$ betrachten und
so unsere gesuchte Green'sche Funktion erhalten. Wir werden dabei
feststellen, dass wir durch die Verschiebung der Singularitäten in
je eine Richtung einmal die retardierte und einmal die avancierte
Green'sche Funktion erhalten.

Beginnen wir nun mit der Lösung des Integrals für nach unten
verschobene Singularitäten,

$$\int_{-\infty}^{\infty} dk_0 e^{-ik_0(x_0 - x_0')} \frac{-1}{(k_0 + i\varepsilon)^2 - \vec{k}^2}, \qquad (4.82)$$

denn für $k_0 = \widehat{k_{0_{1/2}}}$ strebt der Bruch gegen unendlich.

Wir parametrisieren wie in Abschnitt 2.2 einen geschlossenen Halbkreis mit

$$\alpha = \alpha_1 + \alpha_2$$
$$\alpha_1 : [r, -r], \alpha_1(\xi) = \xi$$
$$\alpha_2 : [\pi, 2\pi], \alpha_2(\xi) = re^{i\xi}.$$

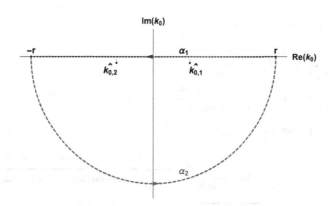

Abbildung 4.2: Nach unten verschobene Singularitäten im geschlossenen Halbkreis in der unteren komplexen Halbebene

in der unteren komplexen Halbebene (vgl. Abbildung 4.2). Bei diesem Halbkreis liegen für $r \to \infty$ die beiden Singularitäten $\widehat{k_{0_{1/2}}}$ im Innengebiet links der Laufrichtung, sodass wir den Residuensatz (2.58) anwenden können. Es gilt:

$$\frac{1}{2\pi i} \oint_\alpha dk_0 f(k_0) = \sum_{k_{0n} \text{ im Innengebiet}} Res_{k_{0n}} f(k_0)$$

$$\Rightarrow \frac{1}{2\pi i} \left[\int_{\alpha_1} dk_0 \frac{-e^{-ik_0(x_0-x_0')}}{(k_0+i\varepsilon)^2 - \vec{k}^2} + \int_{\alpha_2} dk_0 \frac{-e^{-ik_0(x_0-x_0')}}{(k_0+i\varepsilon)^2 - \vec{k}^2} \right]$$

$$= \sum_{k_{0n} \text{ im Innengebiet}} Res_{k_{0n}} \frac{-e^{-ik_0(x_0-x_0')}}{(k_0+i\varepsilon)^2 - \vec{k}^2}. \qquad (4.83)$$

Betrachten wir nun das zweite Integral näher und zeigen, dass es für $a = x_0 - x_0' > 0$ (Fall der retardierten Green'schen Funktion) und

$r \to \infty$ gegen 0 konvergiert:

$$\lim_{r \to \infty} I_{\alpha_2} = \lim_{r \to \infty} \int_{\pi}^{2\pi} d\xi \frac{-e^{-ire^{i\xi}(x_0-x_0')}}{(re^{i\xi}+i\varepsilon)^2-\vec{k}^2} \cdot ire^{i\xi}$$

$$\overset{a=x_0-x_0'>0}{=} - \lim_{r \to \infty} \int_{\pi}^{2\pi} d\xi \frac{ire^{i\xi}}{(re^{i\xi})^2+2i\varepsilon re^{i\xi}-\varepsilon^2-\vec{k}^2} \cdot e^{-ira[\cos(\xi)+i\sin(\xi)]}$$

$$= -\int_{\pi}^{2\pi} d\xi \lim_{r \to \infty}$$

$$\left[i \cdot \underbrace{\frac{1}{\underbrace{re^{i\xi}}_{\to \infty}+2i\varepsilon-\frac{\varepsilon^2+\vec{k}^2}{re^{i\xi}}}}_{\to 0} \cdot \underbrace{e^{-ira\cos(\xi)}}_{|\ |=1} \cdot \underbrace{e^{-ira[\cos(\xi)+i\sin(\xi)]}}_{\text{beschränkt, da } \sin(\xi)\leq 0 \text{ für } \xi \in [\pi,2\pi]} \right]$$

$$= 0.$$

Setzen wir dieses Ergebnis nun in Gl. (4.83) ein, so folgt für das Integral, für welches wir uns eigentlich interessieren, wegen der entgegengesetzten Integrationsrichtung im Vergleich zum Weg α_1:

$$\int_{-\infty}^{\infty} dk_0 \frac{-e^{-ik_0(x_0-x_0')}}{(k_0+i\varepsilon)^2-\vec{k}^2} = -\int_{\alpha_1} dk_0 \frac{-e^{-ik_0(x_0-x_0')}}{(k_0+i\varepsilon)^2-\vec{k}^2}$$

$$= -2\pi i \sum_{k_{0n} \text{ im Innengebiet}} Res_{k_{0n}} \frac{-e^{-ik_0(x_0-x_0')}}{(k_0+i\varepsilon)^2-\vec{k}^2}.$$

$$(4.84)$$

Die Residuen der einfachen Nullstellen des Nenners berechnen wir wie in Abschnitt 3.3 zu

$$Res_{k_{0n}} \frac{-e^{-ik_0(x_0-x_0')}}{(k_0+i\varepsilon)^2-\vec{k}^2} = \frac{g(k_{0n})}{h'(k_{0n})}$$

$$g(k_0) = -e^{-ik_0(x_0-x_0')}$$

$$h(k_0) = k_0^2+2i\varepsilon k_0-\varepsilon^2-\vec{k}^2$$

$$h'(k_0) = 2k_0+2i\varepsilon$$

$$Res_{k_{01}} \frac{-e^{-ik_0(x_0-x_0')}}{(k_0+i\varepsilon)^2-\vec{k}^2} = \frac{-e^{-ik_{01}(x_0-x_0')}}{2k_{01}+2i\varepsilon}$$

$$\overset{k_{01}=\widehat{k_{01}} \text{ vgl. (4.81)}}{=} \frac{-e^{-i(\sqrt{\vec{k}^2}-i\varepsilon)(x_0-x_0')}}{2\sqrt{\vec{k}^2}} \quad (4.85)$$

$$Res_{k_{02}} \frac{-e^{-ik_0(x_0-x_0')}}{(k_0+i\varepsilon)^2-\vec{k}^2} = \frac{-e^{-ik_{02}(x_0-x_0')}}{2k_{02}+2i\varepsilon}$$

$$\overset{k_{02}=\widehat{k_{02}} \text{ vgl. (4.81)}}{=} \frac{-e^{i(\sqrt{\vec{k}^2}+i\varepsilon)(x_0-x_0')}}{-2\sqrt{\vec{k}^2}}, \quad (4.86)$$

sodass wir das gesuchte zeitliche Integral (4.82) erhalten, indem wir nun den Grenzwert $\varepsilon \to 0$ von diesem Integral beziehungsweise von dessen Darstellung durch die Residuen bilden:

$$\lim_{\varepsilon\to 0} \int_{-\infty}^{\infty} dk_0 e^{-ik_0(x_0-x_0')} \frac{-1}{(k_0+i\varepsilon)^2-\vec{k}^2}$$

$$= -\lim_{\varepsilon\to 0} 2\pi i \left[\frac{-e^{-i(\sqrt{\vec{k}^2}-i\varepsilon)(x_0-x_0')}}{2\sqrt{\vec{k}^2}} + \frac{-e^{i(\sqrt{\vec{k}^2}+i\varepsilon)(x_0-x_0')}}{-2\sqrt{\vec{k}^2}} \right]$$

$$= -\lim_{\varepsilon\to 0} \frac{\pi i}{\sqrt{\vec{k}^2}} \left[-e^{-i\sqrt{\vec{k}^2}(x_0-x_0')} + e^{i\sqrt{\vec{k}^2}(x_0-x_0')} \right] e^{-\varepsilon(x_0-x_0')}$$

$$\overset{(3.23)}{=} -\frac{\pi i}{\sqrt{\vec{k}^2}} [2i \sin\left(\sqrt{\vec{k}^2}(x_0-x_0')\right) \lim_{\varepsilon\to 0} e^{-\varepsilon(x_0-x_0')}$$

$$= \frac{2\pi \sin\left(\sqrt{\vec{k}^2}(x_0-x_0')\right)}{\sqrt{\vec{k}^2}}. \quad (4.87)$$

Die retardierte Green'sche Funktion ergibt sich also mit Gl. (4.77) zu:

$$G_{t>t'}(x-x') = \frac{1}{(2\pi)^3} \int d^3k \, e^{i\vec{k}\cdot(\vec{x}-\vec{x}')} \frac{2\pi \sin\left(\sqrt{\vec{k}^2}(x_0-x_0')\right)}{\sqrt{\vec{k}^2}}. \quad (4.88)$$

Um dieses Integral zu lösen, nutzen wir wie Scheck (2010) aus, dass die zu transformierende Funktion kugelsymmetrisch ist. Wir lösen das

Integral zunächst für den günstigen Fall $\vec{\tilde{x}} = |\vec{x} - \vec{x}'|\vec{e}_3$ in Kugelkoordinaten. Anschließend zeigen wir, dass wegen der Kugelsymmetrie von

$$\frac{\sin\left(\sqrt{\vec{k}^2}(x_0 - x_0')\right)}{\sqrt{\vec{k}^2}}$$

dieses Integral für ein spezielles $\vec{\tilde{x}}$ dem Integral für ein beliebiges $\vec{z} = \vec{x} - \vec{x}'$ entspricht, falls $|\vec{\tilde{x}}| = |\vec{z}|$, was aber offensichtlich gegeben ist.

Wir starten mit der Berechnung des speziellen Integrals:

$$G_{t>t'}(x_0 - x_0', \vec{\tilde{x}}) = \frac{1}{(2\pi)^3} \int d^3k\, e^{i\vec{k}\cdot\vec{\tilde{x}}} \frac{2\pi \sin\left(\sqrt{\vec{k}^2}(x_0 - x_0')\right)}{\sqrt{\vec{k}^2}}.$$

In Kugelkoordinaten ist nun

$$\vec{k}\cdot\vec{\tilde{x}} = |\vec{k}| \begin{pmatrix} \cos(\phi)\sin(\theta) \\ \sin(\phi)\sin(\theta) \\ \cos(\theta) \end{pmatrix} \cdot |\vec{x} - \vec{x}'| \begin{pmatrix} 0 \\ 0 \\ 1 \end{pmatrix} = |\vec{k}||\vec{x} - \vec{x}'|\cos(\theta).$$

Daher folgt

$$G_{t>t'}(x_0 - x_0', \vec{\tilde{x}})$$

$$= \frac{1}{(2\pi)^4} \int d^3k\, e^{i|\vec{k}||\vec{x}-\vec{x}'|\cos(\theta)} \frac{2\pi \sin\left(\sqrt{\vec{k}^2}(x_0 - x_0')\right)}{\sqrt{\vec{k}^2}}$$

$$= \frac{1}{(2\pi)^3} \int_0^{2\pi} d\phi \int_{-1}^1 d(\cos(\theta))$$

$$\int_0^\infty dr\, r^2 e^{ir|\vec{x}-\vec{x}'|\cos(\theta)} \frac{\sin(r(x_0 - x_0'))}{r}$$

$$= \frac{1}{(2\pi)^2} \int_0^\infty dr\, r^2 \frac{\sin(r(x_0 - x_0'))}{r} \int_{-1}^1 d(\cos(\theta)) e^{ir|\vec{x}-\vec{x}'|\cos(\theta)}$$

$$G_{t>t'}(x_0 - x_0', \vec{\vec{x}})$$

$$= \frac{1}{(2\pi)^2} \int_0^\infty dr\, r^2 \frac{\sin(r(x_0 - x_0'))}{r} \left[\frac{1}{ir|\vec{x} - \vec{x}'|} e^{ir\cos(\theta)|\vec{x} - \vec{x}'|} \right]_{-1}^{1}$$

$$\overset{(3.23)}{=} \frac{1}{(2\pi)^2} \int_0^\infty dr\, r^2 \frac{\sin(r(x_0 - x_0'))}{r} \left[\frac{1}{r|\vec{x} - \vec{x}'|} 2\sin(r|\vec{x} - \vec{x}'|) \right]$$

$$= \frac{1}{2\pi^2 |\vec{x} - \vec{x}'|} \int_0^\infty dr \sin(r(x_0 - x_0')) \sin(r|\vec{x} - \vec{x}'|)$$

$$\overset{\text{Integrand gerade}}{=} \frac{1}{(2\pi)^2 |\vec{x} - \vec{x}'|} \int_{-\infty}^\infty dr \sin(r(x_0 - x_0')) \sin(r|\vec{x} - \vec{x}'|)$$

$$\overset{(3.23)}{=} \frac{1}{(2\pi)^2 |\vec{x} - \vec{x}'|} \int_{-\infty}^\infty dr \frac{1}{2i} \left(e^{ir(x_0 - x_0')} - e^{-ir(x_0 - x_0')} \right) \cdot$$

$$\frac{1}{2i} \left(e^{ir|\vec{x} - \vec{x}'|} - e^{-ir|\vec{x} - \vec{x}'|} \right)$$

$$= -\frac{1}{4 \cdot (2\pi)^2 |\vec{x} - \vec{x}'|} \cdot$$

$$\int_{-\infty}^\infty dr \left[e^{ir(x_0 - x_0' + |\vec{x} - \vec{x}'|)} - e^{ir(x_0 - x_0' - |\vec{x} - \vec{x}'|)} \right.$$

$$\left. - e^{-ir(x_0 - x_0' - |\vec{x} - \vec{x}'|)} + e^{-ir(x_0 - x_0' + |\vec{x} - \vec{x}'|)} \right].$$

Wir verwenden nun die Eigenschaft

$$\int_{-\infty}^\infty dr\, f(r) = \int_{-\infty}^\infty dr\, f(-r)$$

für konvergente Integrale und erhalten damit weiter

$$G_{t>t'}(x_0 - x_0', \vec{\vec{x}}) = -\frac{1}{4 \cdot (2\pi)^2 |\vec{x} - \vec{x}'|}$$

$$\left\{ \int_{-\infty}^\infty dr \left[e^{ir(x_0 - x_0' + |\vec{x} - \vec{x}'|)} - e^{ir(x_0 - x_0' - |\vec{x} - \vec{x}'|)} \right] \right.$$

$$\left. + \int_{-\infty}^\infty dr \left[-e^{ir(x_0 - x_0' - |\vec{x} - \vec{x}'|)} + e^{ir(x_0 - x_0' + |\vec{x} - \vec{x}'|)} \right] \right\}$$

$$G_{t>t'}(x_0 - x_0', \vec{\tilde{x}})$$

$$= -\frac{1}{2 \cdot (2\pi)^2 |\vec{x} - \vec{x}'|} \int_{-\infty}^{\infty} dr \left[e^{ir(x_0 - x_0' + |\vec{x} - \vec{x}'|)} - e^{ir(x_0 - x_0' - |\vec{x} - \vec{x}'|)} \right]$$

$$\overset{(2.51)}{=} -\frac{1}{2 \cdot (2\pi)^2 |\vec{x} - \vec{x}'|}$$

$$\left[2\pi \underbrace{\delta(x_0 - x_0' + |\vec{x} - \vec{x}'|)}_{=0,\ \text{da } x_0 - x_0' > 0 \text{ und } |\vec{x} - \vec{x}'| \geq 0} - 2\pi \delta(x_0 - x_0' - |\vec{x} - \vec{x}'|) \right]$$

$$= \frac{1}{4\pi |\vec{x} - \vec{x}'|} \delta(x_0 - x_0' - |\vec{x} - \vec{x}'|).$$

Nun können der spezielle Vektor $\vec{\tilde{x}} = |\vec{x} - \vec{x}'|\vec{e}_3$ und der allgemeine Vektor $\vec{z} = \vec{x} - \vec{x}'$ über eine Drehung ineinander überführt werden, da sie den gleichen Betrag $|\vec{x} - \vec{x}'|$ haben. Es gilt nach Bronstein u. a. (2013) mit einer allgemeinen Drehmatrix D:

$$\vec{z} = D\vec{\tilde{x}} \text{ beziehungsweise } \vec{\tilde{x}} = D^{-1}\vec{z}.$$

Betrachten wir nun die retardierte Green'sche Funktion für beliebige $\vec{z} = \vec{x} - \vec{x}'$, so sehen wir

$$G_{t>t'}(x_0 - x_0', \vec{z}) = \frac{1}{(2\pi)^4} \int d^3k\, e^{i\vec{k}\cdot\vec{z}} \frac{2\pi \sin\left(\sqrt{\vec{k}^2}(x_0 - x_0')\right)}{\sqrt{\vec{k}^2}}$$

$$\overset{\vec{z}=D\vec{\tilde{x}}}{=} \frac{1}{(2\pi)^4} \int d^3k\, e^{i(D^{-1}\vec{k})\cdot\vec{\tilde{x}}} \frac{2\pi \sin\left(\sqrt{\vec{k}^2}(x_0 - x_0')\right)}{\sqrt{\vec{k}^2}}$$

$$\overset{\text{Subst.}\vec{k}=D\vec{k}'}{=} \frac{1}{(2\pi)^4} \int d^3k'\, e^{i\vec{k}'\cdot\vec{\tilde{x}}} \frac{2\pi \sin\left(\sqrt{\vec{k}'^2}(x_0 - x_0')\right)}{\sqrt{\vec{k}'^2}}$$

$$\overset{\vec{k}'\mapsto\vec{k}}{=} G_{t>t'}(x_0 - x_0', \vec{\tilde{x}}),$$

weil die Drehmatrix D eine orthogonale Matrix und deren Jacobi-Determinante somit gleich 1 ist (vgl. Bronstein u. a. (2013)).

Wir haben damit den interessanten Teil der retardierten Green'schen Funktion für $t > t'$ ausgerechnet. Die Berechnung für $t < t'$ funktioniert analog wie die Berechnung für den harmonischen Oszillator in Abschnitt 3.2.3 mit Hilfe eines Halbkreises in der oberen Hälfte der komplexen Ebene und dem Cauchy'schen Integralsatz. Aus diesem Grund geben wir hier nur die Lösung der retardierten Green'schen Funktion an:

Die retardierte Green'sche Funktion ist also

$$G_{ret}(x - x') = \begin{cases} \dfrac{1}{4\pi|\vec{x} - \vec{x}'|}\delta(x_0 - x'_0 - |\vec{x} - \vec{x}'|), & t > t' \\ 0, & t < t' \end{cases} \qquad (4.89)$$

Sie ist genau dann ungleich Null, wenn $t > t'$ und $x_0 - x'_0 = |\vec{x} - \vec{x}'|$ beziehungsweise $t = t' + \dfrac{1}{c}|\vec{x} - \vec{x}'|$. Anschaulich bedeutet das, dass der Zustand zur Zeit t' nur auf die Zustände einwirkt, die zu einem späteren Zeitpunkt $t > t'$ an den Orten $\vec{x}$ stattfinden, die genau den Abstand $|\vec{x} - \vec{x}'|$ zum Ort $\vec{x}'$ haben, für dessen Überwindung mit der Geschwindigkeit c die Zeitdifferenz $t - t'$ benötigt wird.

Außerdem ist die retardierte Green'sche Funktion unter der Annahme, dass $|\vec{x} - \vec{x}'| > 0$ in $t = t'$ stetig, da ihr Grenzwert für $t \to t'$ sowohl von oben als auch von unten gegen null konvergiert.

Beispiel 11 (Einflussgebiet eines Signals in $(1+1)$ Dimensionen). *Um uns besser vorstellen zu können, welche Ereignisse von einem Signal P', welches zur Zeit $t' = 0$ am Ort $x' = 0$ gesendet wird, beeinflusst werden, schauen wir auf das Minkowski-Diagramm in Abbildung 4.3. Wir betrachten die Ereignisse P_1, P_2 und P_3, die alle zur gleichen Zeit $t > t'$, jedoch an unterschiedlichen Orten, stattfinden. Um herauszufinden, welche Zustände vom Signal P' beeinflusst werden, schauen wir, welcher räumliche Abstand zwischen P' und P_i dem zeitlichen Abstand ct entspricht. Bei der gewählten Skalierung ist diese Voraussetzung für alle Punkte gegeben, die auf den (rot) markierten Winkelhalbierenden liegen. Wir sagen: diese Zustände liegen auf dem Vorwärts-Lichtkegel, da sich im $(1+2)$-dimensionalen Raum ein im Ursprung ausgesendetes*

Lichtsignal entlang eines Kegels in positiver Zeitrichtung ausbreitet (vgl. Nolting (2012) und Scheck (2010)).

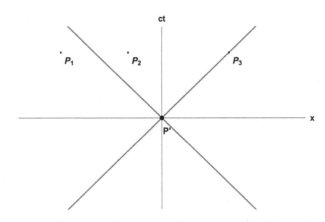

Abbildung 4.3: Einflussgebiet eines Signals in $(1+1)$ Dimensionen auf Zustände zu späteren Zeiten

In unserem Beispiel beeinflusst das Signal P' also nur den Zustand P_3, da dieser auf dem Lichtkegel liegt. Der Zustand P_1 ist räumlich zu weit von P' entfernt. Der räumliche Abstand zwischen P' und P_2 ist eigentlich zu klein, um eine Beeinflussung von P_2 zu erwarten. Wenn wir nicht vom Vakuum ausgehen, könnte es aufgrund von äußeren Einflüssen (beispielsweise durch Wechselwirkungen mit Partikeln in Form von Absorption und Emission) zur Abbremsung des Signals kommen, was eine geringere effektive Ausbreitungsgeschwindigkeit $\tilde{c} < c$ bedeutet, sodass nun der kürzere zeitliche Abstand $\tilde{c}t$ dem räumlichen Abstand $|\vec{x}_2|$ durchaus entsprechen könnte und somit eine Beeinflussung möglich wäre.

Bevor wir uns mit der avancierten Green'schen Funktion beschäftigen, stellt sich die Frage, ob die gefundene retardierte Green'sche Funktion überhaupt Lorentz-invariant ist, also ob sie ihre Form beibehält unter Lorentz-Transformation in ein bewegtes Bezugssystem bei Erhaltung der Zeitrichtung (vgl. Nolting (2012)). Allgemein bleibt nach Nolting (2012) bei Lorentz-Transformationen das Längenquadrat

$$a^\mu a_\mu = a_0{}^2 - \vec{a}^2 \tag{4.90}$$

erhalten. Somit sind Funktionen, die nur von einem solchen Längenquadrat abhängen Lorentz-invariant. Wegen der Definition des Skalarprodukts im Raum der Vierervektoren entspricht das der Erhaltung des Skalarprodukts eines Vierervektors mit sich selbst.

Betrachten wir nun die retardierte Green'sche Funktion in der Form von Gl. (4.89), so können wir jedoch auf den ersten Blick kein Längenquadrat oder Skalarprodukt eines Vierervektors mit sich selbst sehen. Aus diesem Grund betrachten wir wie Scheck (2010) zunächst die Funktion

$$f(a) = a^2 - b^2$$

mit Ableitung

$$f'(a) = 2a$$

und Nullstellen

$$a_{1/2} = \pm b.$$

Für die Delta-Funktion von dieser Funktion $f(a)$ ergibt sich mit Gl. (2.41) der Zusammenhang

$$\delta[f(a)] = \sum_j \frac{1}{|f'(a_j)|} \delta(a - a_j)$$

$$= \frac{1}{|2b|} \delta(a - b) + \frac{1}{|2(-b)|} \delta(a + b)$$

$$= \frac{1}{2|b|} \left(\delta(a - b) + \delta(a + b) \right), \tag{4.91}$$

den wir nun auf die Delta-Funktion, die uns weiterhilft, anwenden:

$$\delta\left[(x^\mu - x'^\mu)(x_\mu - x'_\mu)\right] = \delta((x_0 - x'_0)^2 - |\vec{x} - \vec{x}'|^2)$$

$$= \frac{1}{2|\vec{x} - \vec{x}'|}\left(\delta(x_0 - x'_0 - |\vec{x} - \vec{x}'|)\right.$$

$$\left. + \underbrace{\delta(x_0 - x'_0 + |\vec{x} - \vec{x}'|)}_{=0,\ \text{da } x_0 - x'_0, |\vec{x} - \vec{x}'| > 0}\right)$$

$$= \frac{1}{2|\vec{x} - \vec{x}'|}\delta(x_0 - x'_0 - |\vec{x} - \vec{x}'|). \qquad (4.92)$$

Mit dieser Darstellung sehen wir, dass die retardierte Green'sche Funktion für $t > t'$

$$G_{t>t'}(x - x') = \frac{1}{4\pi|\vec{x} - \vec{x}'|}\delta(x_0 - x'_0 - |\vec{x} - \vec{x}'|)$$

$$= \frac{1}{2\pi}\delta\left[(x^\mu - x'^\mu)(x_\mu - x'_\mu)\right]$$

nur von dem Skalarpodukt $(x - x')^2$ abhängig und somit durchaus Lorentz-invariant ist, solange die Zeitrichtung bei der Lorentz-Transformation erhalten bleibt. Bei einer Umkehrung der Zeitrichtung würde sich nämlich das Verhältnis $t > t'$ in $t < t'$ umkehren und es käme damit zu einer Vertauschung von retardierter und avancierter Green'scher Funktion. Wir können die retardierte Green'sche Funktion aus Gl. (4.89) mit Hilfe der Stufenfunktion

$$\Theta(x) := \begin{cases} 1, & x > 0 \\ \dfrac{1}{2}, & x = 0 \\ 0, & x < 0 \end{cases}$$

(vgl. Korsch (2004)) auch als

$$G_{ret}(x - x') = \frac{1}{2\pi}\Theta(x_0 - x'_0)\delta^4((x - x')^2).$$

schreiben. Denn an der Stelle $x_0 = x'_0$ verschwindet die retardierte Green'sche Funktion mit der Annahme $|\vec{x} - \vec{x}'| \neq 0$. Die Stufenfunktion und somit auch die retardierte Green'sche Funktion sind invariant unter orthochronen Lorentz-Transformationen, welche demnach die Zeitrichtung erhalten. Für genauere Betrachtungen sei an dieser Stelle auf Scheck (2010) verwiesen.

Um nun eine Lösung für die avancierte Green'sche Funktion zu erhalten, müssen wir zurück zu Gl. (4.77) gehen und zunächst wieder das zweite Integral durch komplexe Integration lösen. Dieses Mal verwenden wir aber die nach oben verschobenen Nullstellen $\widetilde{k_{0_{1/2}}}$ aus Gl. (4.80).

Um also das Integral

$$\int_{-\infty}^{\infty} dk_0 e^{-ik_0(x_0-x_0')} \frac{-1}{(k_0 - i\varepsilon)^2 - \vec{k}^2} \tag{4.93}$$

zu lösen, verwenden wir die Parametrisierung

$$\alpha = \alpha_1 + \alpha_2$$
$$\alpha_1 : [-r, r], \alpha_1(\xi) = \xi$$
$$\alpha_2 : [0, \pi], \alpha_2(\xi) = re^{i\xi}$$

des geschlossenen Halbkreises in der oberen komplexen Halbebene mit Singularitäten $\widetilde{k_{0_{1/2}}}$ im Innengebiet links der Laufrichtung (vgl. Abbildung 4.4).

Wir sehen wie oben, dass das Integral über den Weg α_2 im Grenzfall $r \to \infty$ null ergibt, denn:

$$\lim_{r\to\infty} I_{\alpha_2} = \lim_{r\to\infty} \int_0^\pi d\xi \frac{-e^{-ire^{i\xi}(x_0-x_0')}}{(re^{i\xi} - i\varepsilon)^2 - \vec{k}^2} \cdot ire^{i\xi}$$

$$\overset{b=x_0-x_0'<0}{=} -\lim_{r\to\infty} \int_0^\pi d\xi \frac{ire^{i\xi}}{(re^{i\xi})^2 - 2i\varepsilon re^{i\xi} - \varepsilon^2 - \vec{k}^2} \cdot e^{-irb[\cos(\xi)+i\sin(\xi)]}$$

$$= -\int_0^\pi d\xi \lim_{r\to\infty}$$

$$\left[i \cdot \underbrace{\frac{1}{\underbrace{re^{i\xi}}_{\to\infty} - 2i\varepsilon - \frac{\varepsilon^2 + \vec{k}^2}{re^{i\xi}}}}_{\to 0} \cdot \underbrace{e^{-irb\cos(\xi)}}_{|\ |=1} \cdot \underbrace{e^{-irb[\cos(\xi)+i\sin(\xi)]}}_{\text{beschränkt, da } \sin(\xi)\geq 0 \text{ für } \xi \in [0,\pi]} \right]$$

$$= 0.$$

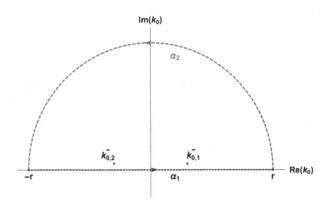

Abbildung 4.4: Nach oben verschobene Singularitäten im geschlossenen
Halbkreis in der oberen komplexen Halbebene

Daher folgt ähnlich wie bei der retardierten Funktion für das gesuchte Integral

$$\int_{-\infty}^{\infty} dk_0 \frac{e^{-ik_0(x_0-x_0')}}{(k_0 - i\varepsilon)^2 - \vec{k}^2} = \lim_{r\to\infty} \int_{\alpha_1} dk_0 \frac{e^{-ik_0(x_0-x_0')}}{(k_0 - i\varepsilon)^2 - \vec{k}^2} + 0$$

$$= \lim_{r\to\infty} \int_{\alpha_1} dk_0 \frac{e^{-ik_0(x_0-x_0')}}{(k_0 - i\varepsilon)^2 - \vec{k}^2} + \lim_{r\to\infty} \int_{\alpha_2} dk_0 \frac{-e^{-ik_0(x_0-x_0')}}{(k_0 - i\varepsilon)^2 - \vec{k}^2}$$

$$= \lim_{r\to\infty} \oint_{\alpha} dk_0 \frac{-e^{-ik_0(x_0-x_0')}}{(k_0 - i\varepsilon)^2 - \vec{k}^2}$$

$$= 2\pi i \sum_{k_{0n} \text{ im Innengebiet}} Res_{k_{0n}} \frac{-e^{-ik_0(x_0-x_0')}}{(k_0 - i\varepsilon)^2 - \vec{k}^2}$$

$$= 2\pi i \left[-\frac{e^{-i\left(\sqrt{\vec{k}^2}+i\varepsilon\right)(x_0-x_0')}}{2\sqrt{\vec{k}^2}} - \frac{e^{-i\left(-\sqrt{\vec{k}^2}+i\varepsilon\right)(x_0-x_0')}}{-2\sqrt{\vec{k}^2}} \right]$$

$$= \frac{\pi i}{\sqrt{\vec{k}^2}} \left[e^{i\left(\sqrt{\vec{k}^2}-i\varepsilon\right)(x_0-x_0')} - e^{-i\left(\sqrt{\vec{k}^2}+i\varepsilon\right)(x_0-x_0')} \right],$$

und für $\varepsilon \to 0$ gilt

$$\lim_{\varepsilon \to 0} \int_{-\infty}^{\infty} dk_0 \frac{e^{-ik_0(x_0-x_0')}}{(k_0-i\varepsilon)^2 - \vec{k}^2}$$

$$= \lim_{\varepsilon \to 0} \frac{\pi i}{\sqrt{\vec{k}^2}} \left[e^{i\sqrt{\vec{k}^2}(x_0-x_0')} - e^{-i\sqrt{\vec{k}^2}(x_0-x_0')} \right] e^{\varepsilon(x_0-x_0')}$$

$$\overset{(3.23)}{=} \frac{\pi i}{\sqrt{\vec{k}^2}} \left[-\frac{2}{i} \sin\left(\sqrt{\vec{k}^2}(x_0 - x_0')\right) \right] \lim_{\varepsilon \to 0} e^{\varepsilon(x_0-x_0')}$$

$$= \frac{-2\pi \sin\left(\sqrt{\vec{k}^2}(x_0 - x_0')\right)}{\sqrt{\vec{k}^2}} = \frac{2\pi \sin\left(\sqrt{\vec{k}^2}(x_0' - x_0)\right)}{\sqrt{\vec{k}^2}}. \tag{4.94}$$

Das ist bis auf ein Vorzeichen das gleiche Ergebnis wie für die retardierte Green'sche Funktion in (4.87). Es gibt jedoch den großen Unterschied, dass Gl. (4.87) höchstens für $t > t'$ einen Beitrag liefert, während Gl. (4.94) für $t < t'$ nicht komplett verschwindet. In den weiteren Berechnungen für die retardierte Green'sche Funktion wurde die Voraussetzung $t - t' > 0$ genutzt, um abzuschätzen, welche Delta-Funktion null ergibt und welche einen tatsächlichen Beitrag zur Lösung hat. Das bedeutet, dass die obigen Rechnungen mit vertauschtem t und t' denen für die avancierte Green'sche Funktion entsprechen, denn dann ist $t' - t > 0$. Daher bekommen wir als Lösung für die avancierte Green'sche Funktion unter Verwendung der obigen Rechnungen

$$G_{av}(x - x') = \begin{cases} 0, & t > t' \\ \frac{1}{4\pi|\vec{x} - \vec{x}'|}\delta(x_0' - x_0 - |\vec{x} - \vec{x}'|), & t < t' \end{cases}. \tag{4.95}$$

Die avancierte Green'sche Funktion ist genau dann ungleich null, wenn $t < t'$ und zusätzlich $x_0' - x_0 = |\vec{x} - \vec{x}'|$ beziehungsweise $t =$

$t' - \dfrac{1}{c}|\vec{x} - \vec{x}'|$ gilt. Anschaulich bedeutet das, dass der Zustand zur
Zeit t' nur von Zuständen beeinflusst werden kann, die zu einem
früheren Zeitpunkt $t < t'$ an den Orten $\vec{x}$ stattfanden, die genau den
Abstand $|\vec{x}' - \vec{x}|$ zum Ort $\vec{x}'$ haben, für den die Überwindung mit der
Geschwindigkeit c die Zeitdifferenz $t' - t$ benötigt wird.

Beispiel 12 (Beeinflussungsgebiet eines Zustands in $(1+1)$ Dimensionen). *Ähnlich wie in Beispiel 11 schauen wir uns nun als Beispiel
einen Zustand P' zur Zeit $t' = 0$ am Ort $x' = 0$ an mit dem Ziel
herauszufinden, von welchen Signalen P_1, P_2 und P_3, die zur gleichen
Zeit $t < t'$ an verschiedenen Orten ausgesendet wurden, dieser beeinflusst wird. Wir müssen dazu wieder schauen welche räumlichen
Abstände zwischen P' und P_i dem zeitlichen Abstand $-ct$ entsprechen.
Die Skalierung in Abbildung 4.5 ist wieder so gewählt, dass diese
Voraussetzung für alle Punkte, die auf den (rot) markierten Winkelhalbierenden in der unteren Halbebene liegen, gegeben ist. Wir sagen
anlog zu oben, dass diese Zustände beziehungsweise Signale auf dem
Rückwärts-Lichtkegel liegen (vgl. Scheck (2010)).*

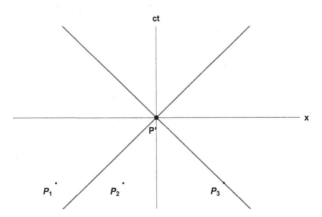

Abbildung 4.5: Beeinflussungsgebiet eines Zustands in $(1+1)$ Dimensionen durch Signale zu früheren Zeiten

In unserem Beispiel wird der Zustand P' also nur vom Zustand P_3 beeinflusst, da dieser auf dem Lichtkegel liegt. Der Zustand P_1' ist räumlich zu weit von P' entfernt, während der räumliche Abstand zwischen P_2 und P' zu klein ist. Im Fall einer Abbremsung des Signals wäre jedoch ähnlich wie bei Beispiel 11 auch eine Beeinflussung von P' durch P_2 möglich.

Es lässt sich mit dem Zusammenhang $|\vec{x} - \vec{x}'| = |\vec{x}' - \vec{x}|$ analog zur retardierten Green'schen Funktion herleiten, dass die avancierte Green'sche Funktion nur vom Skalarprodukt $(x' - x)^2$ abhängig und somit Lorentz-invariant ist.

Ruhende Elementarladung im Raum

Nun nutzen wir die berechnete Green'sche Funktion, um das Potential einer ruhenden Elementarladung im Raum zu ermitteln. Wir nehmen das Teilchen als punktförmig im Ursprung ($\vec{x}' = \vec{0}$) an, weshalb sich für die Ladungsdichte

$$\varrho(t, \vec{x}) = e\delta(\vec{x}) = \varrho(\vec{x}) \tag{4.96}$$

mit e für die Elemtarladung ergibt. Da die Ladung ruht, wird kein Strom induziert und es folgt für dieses Beispiel $\vec{j}(t, \vec{x}) = 0$ ebenso wie die zeitliche Unabhängigkeit der Ladungsdichte.

Wir möchten also die skalare Gleichung

$$\frac{1}{c^2} \frac{\partial^2 \Phi}{\partial t^2} - \Delta\Phi = \frac{1}{\epsilon_0} e\delta(\vec{x})$$

lösen (vgl. Gl. (4.69)). Da uns der Zustand des Potentials im Raum für spätere Zeiten $t > t'$ interessiert, verwenden wir die retardierte

Green'sche Funktion (4.89) zur Berechnung der speziellen Lösung des Potentials mit Gl. (4.71):

$$\Phi(\vec{x})_s = \int d^4x' G_{ret}(x-x')\frac{1}{\epsilon_0}\varrho(\vec{x}')$$

$$= \int_{x_0'<x_0} d^4x' \frac{1}{4\pi|\vec{x}-\vec{x}'|}\delta(x_0-x_0'-|\vec{x}-\vec{x}'|)\frac{e}{\epsilon_0}\delta(\vec{x}')$$

$$= \frac{1}{4\pi}\frac{e}{\epsilon_0}\int_{|\vec{x}-\vec{x}'|>0} d^3x' \frac{1}{|\vec{x}-\vec{x}'|}\delta(\vec{x}')$$

$$= \frac{e}{4\pi\epsilon_0|\vec{x}|}, \text{ für } |\vec{x}| > 0. \tag{4.97}$$

Die spezielle Lösung des elektrischen Potentials einer Punktladung ist also antiproportional zum Abstand zu dieser Ladung.

In diesem Fall einer im Ursprung ruhenden punktförmigen Elementarladung im Vakuum erhalten wir also neben der elektromagnetischen Welle, die wir aus der homogenen Lösung bekamen (vgl. Abschnitt 4.2.3), mit Gl. (4.66) zusätzlich das zeitunabhängige elektrische Feld

$$\vec{E}(\vec{x}) = -\vec{\nabla}\Phi(\vec{x}) = \frac{e}{4\pi\epsilon_0|\vec{x}|^3}\vec{x}, \tag{4.98}$$

welches von der Punktladung aus gesehen radial nach außen zeigt und dessen Stärke mit anwachsendem Abstand zur Punktladung proportional zu $\frac{1}{|\vec{x}|^2} = \frac{1}{r^2}$ abnimmt.

5 Nichtlineare Differentialgleichungen

Wir haben bisher am Beispiel der Schwingungsgleichung lineare gewöhnliche Differentialgleichungen und am Beispiel der Wellengleichung lineare partielle Differentialgleichungen diskutiert. Es bleibt uns der nächste Schritt und damit die Betrachtung von Nichtlinearitäten, die wir insbesondere am Beispiel der Korteweg-de-Vries-Gleichung, einer nichtlinearen Wellengleichung, diskutieren werden.

Dabei spielt dieses Kapitel über nichtlineare Differentialgleichungen je nach Sichtweise eine sehr große oder sehr kleine Rolle. Eine sehr große Bedeutung kann der Betrachtung nichtlinearer Differentialgleichungen zugesprochen werden, da sehr viele Phänomene in der Natur nicht mit linearen Differentialgleichungen beschrieben werden können. Somit ist die Verwendung dieser nichtlinearen Differentialgleichungen zwingend notwendig, um auch solche Gesetzmäßigkeiten in der Natur beschreiben zu können. Andererseits gibt es im Gegensatz zu linearen Differentialgleichungen große Unterschiede in der Lösungstheorie. Insbesondere gibt es keine allgemeinen stabilen Lösungen mehr, sondern nur noch spezielle Lösungen, die aufgrund von gewissen dynamischen Gleichgewichten zu Stande kommen. Aus diesem Grund sind die Betrachtungen für das Beispiel der Korteweg-de-Vries-Gleichung sehr speziell und nicht ohne Weiteres auf andere nichtlineare Differentialgleichungen übertragbar, was die Bedeutung dieser Betrachtungen schmälert.

© Der/die Herausgeber bzw. der/die Autor(en), exklusiv lizenziert durch
Springer Fachmedien Wiesbaden GmbH, ein Teil von Springer Nature 2020
E. M. Hickmann, *Differentialgleichungen als zentraler Bestandteil der theoretischen Physik*, BestMasters, https://doi.org/10.1007/978-3-658-29898-2_5

5.1 Solitonen und solitäre Wellen

Bevor wir jedoch die Korteweg-de-Vries-Gleichung betrachten, beschäftigen wir uns mit der korrekten Bezeichnung von speziellen Lösungen von nichtlinearen Differentialgleichungen. Diese werden allgemein als solitäre Wellen oder Solitonen bezeichnet. Wichtig ist dabei die Trennung und die Hierarchie der Begriffe, denn sie bezeichnen nicht genau dasselbe und stehen untereinander.

Wie problematisch die Definition ist, zeigt sich an den scheinbar widersprüchlichen Definitionen in der Literatur. Beispielsweise definieren Drazin und Johnson (1989) solitäre Wellen als einen Spezialfall von Solitonen, während Rajaraman (1989) diese Anordnung umgekehrt vornimmt. Lonngren und Scott (1978) vereinen diese Widersprüche, indem sie sinngemäß schreiben, dass ein einzelnes Soliton eine solitäre Welle ist, aber solitäre Wellen nur Solitonen sind, wenn sie gewisse Eigenschaften erfüllen. In der Einzahl bedeuten also beide Begriffe das gleiche, so wie es von Drazin und Johnson (1989) verstanden wird, während im Plural nur solitäre Wellen, die zusätzliche Bedingungen erfüllen, als Solitonen bezeichnet werden, so wie Rajaraman (1989) es beschreibt.

Wir halten uns, um die Eigenschaften dieser Lösungen herauszuarbeiten, im Folgenden an die Definition eines Solitons von Drazin (1983), die folgendermaßen lautet:

Definition 16 (Soliton). *Wir bezeichnen Lösungen von nichtlinearen Gleichungen als Solitonen, wenn sie*

(i) eine Welle mit beständiger Form darstellen,

(ii) lokalisiert sind, also im Unendlichen verschwinden oder sich einer Konstanten annähern

   und

(iii) mit anderen Solitonen interagieren ohne ihre Form zu verlieren.

Dabei ist nun die dritte Eigenschaft entscheidend bei der Unterscheidung von Solitonen und solitären Wellen. Mit den oben von

Lonngren und Scott (1978) gemeinten „gewissen Eigenschaften" ist nämlich eben diese Art und Weise der Interaktion zweier Lösungen miteinander gemeint. Sie beschreiben ausführlich, dass die Interaktion zweier Solitonen insofern der Interaktion zweier Lösungen der linearen Wellengleichung gleicht, als dass sie nach dem Aufeinandertreffen ihre ursprüngliche Form wieder annehmen. Bei Solitonen bewirkt die Interaktion jedoch einen Phasensprung, weshalb beide Solitonen nach dem Aufeinandertreffen an einem anderen Ort zu finden sind, als wenn keine Interaktion stattgefunden hätte. Diese Interaktionseigenschaft ist für solitäre Wellen nicht zwingend gegeben, sie können also sehr wohl ihre Form aufgrund von Energieübertragung bei der Interaktion miteinander verlieren. So kommt es zu der von Rajaraman (1989) beschriebenen Hierarchie, dass jedes Soliton eine solitäre Welle ist, aber nicht umgekehrt. Wenn wir jedoch nur ein einzelnes Soliton betrachten, so gibt es kein anderes Soliton, mit dem es interagieren kann. In diesem Fall ist die dritte Eigenschaft in der Definiton also überflüssig und der Begriff des Solitons ist dem der solitären Welle gleichzusetzen, wie es bei Drazin und Johnson (1989) zu finden ist.

Nachdem nun die Begriffe getrennt wurden, stellt sich die Frage, wie es überhaupt zur Bildung solcher stabilen Lösungen kommt. Nach Dauxois und Peyrard (2006) bildet sich bei der Korteweg-de-Vries-Gleichung ein Gleichgewicht zwischen den beiden Effekten aus Nichtlinearität und Dispersion. Es sei bemerkt, dass sich ein Gleichgewicht bei sogenannten dissipativen nichtlinearen Differentialgleichungen wegen der Ausgleichung eben dieser Effekte einstellen kann beziehungsweise es auch nichtlineare Differentialgleichungen gibt, bei denen dispersive und dissipative Effekte eine Rolle spielen (vgl. Drazin und Johnson (1989)). Im Fall der rein dispersiven Korteweg-de-Vries-Gleichung gleichen sich jedoch die lokalisierende Wirkung der Nichtlinearität und die ausbreitende Eigenschaft der Dispersion aus, sodass eine stabile Welle entsteht. Genauer kann das bei Drazin und Johnson (1989) nachgelesen werden.

5.2 Die Korteweg-de-Vries-Gleichung

Nun arbeiten wir beispielhaft mit der Korteweg-de-Vries-Gleichung, welche die Ausbreitung von Wasserwellen in eine feste Richtung entlang eines (eindimensionalen) Kanals beschreibt (vgl. Korteweg und de Vries (1895) und Eckhaus und van Harten (1981)). Sie kann jedoch auch verwendet werden, um beispielsweise Tsunamis zu beschreiben. Es ist nur wichtig, dass die Höhe der Welle und die Tiefe des Wassers im Vergleich zur Breite der Welle klein sind (vgl. Dauxois und Peyrard (2006)) sowie, dass die Wellenlänge viel größer als die Wassertiefe ist (Eckhaus und van Harten (1981)).

Nach Eckhaus und van Harten (1981) sieht die Korteweg-de-Vries-Gleichung in ihrer ursprünglichen Form folgendermaßen aus:

$$\frac{\partial}{\partial t}\eta(t,x) = \frac{3}{2}\sqrt{\frac{g}{l}}\frac{\partial}{\partial x}\left(\frac{1}{2}\eta(t,x)^2 + \frac{2}{3}\alpha\eta(t,x) + \frac{1}{3}\sigma\frac{\partial^2}{\partial x^2}\eta(t,x)\right),$$
(5.1)

wobei $\eta(t,x)$ die Höhe der Wasseroberfläche über der Gleichgewichtshöhe l ist, x die Orstvariable entlang des Kanals, t die Zeit, g die Gravitationskonstante und α eine Konstante, welche im Zusammenhang mit der gleichmäßigen Fließgeschwindigkeit des Wassers steht. σ wiederum ist definiert durch

$$\sigma = \frac{1}{3}l^3 - \frac{Tl}{\varrho g}$$

mit der Oberflächenspannung T und der Dichte ϱ.

Im Unterschied zu allen vorher betrachteten Differentialgleichungen haben wir es hier mit einer Gleichung dritter Ordnung bezüglich der Ortsvariablen x zu tun. Neben der Nichtlinearität ist dies auch ein Faktor, der das Lösen dieser Gleichung komplizierter werden lässt als in den vorherigen Kapiteln.

Bevor wir uns in Abschnitt 5.2.2 mit der Transformation dieser Gleichung in die übersichtlichere Normalform beschäftigen und schließlich in Abschnitt 5.2.3 die erste Lösung herleiten, schauen wir uns zunächst die Entdeckung des Solitons, die zur Korteweg-de-Vries-Gleichung geführt hat, aus historischer Perspektive an.

5.2.1 Die Entdeckung des Solitons

Die Entdeckung des Solitons durch John Scott Russel im Jahre 1834 wird in der Literatur häufig beschrieben beziehungsweise aus seinem Bericht zitiert (vgl. Dauxois und Peyrard (2006), Drazin (1983) oder Eckhaus und van Harten (1981)):

Der Ingenieur Russel beobachtete eigentlich die Bewegung eines Bootes, das von Pferden entlang eines Kanals gezogen wurde. Als das Boot jedoch plötzlich anhielt, beobachtete er, wie sich die Wassermassen, die vom Boot in Bewegung versetzt wurden, weiterbewegten. Diese bildeten eine Erhebung im Wasser aus, die sich mit großer Geschwindigkeit (etwa 8 oder 9 Meilen pro Stunde) entlang des Kanals fortbewegte. Der Ingenieur folgte dieser formfesten etwa 30 Fuß langen und zwischen 1 und 1, 5 Fuß hohen Welle auf dem Rücken seines Pferdes. Allerdings verringerte sich die Höhe der Welle langsam, bis Russel sie nach ein oder zwei Meilen in den Windungen des Kanals verlor.

Russel beobachtete also schon, dass die Höhe einer nichtlinearen Welle im Vergleich zu ihrer Breite klein ist. Genauer beschrieb er das Verhältnis zwischen Höhe und Breite der Welle zwischen 1 : 30 und 1 : 20.

Nach Dauxois und Peyrard (2006) führte Russel im Anschluss an seine Entdeckung Experimente durch, um solitäre Wellen zu beobachten. Durch die Bewegung eines Kolbens am Ende eines Kanals generierte er Wellen und machte unter anderem die Entdeckung, dass die Geschwindigkeit, mit der sich eine nichtlineare Welle fortbewegt, von der Höhe der Welle abhängt. Es gilt

$$v = \sqrt{gl}(1 + A\eta),$$

wobei wie oben η wieder die Höhe der Wasseroberfläche über der Gleichgewichtshöhe l und g die Gravitationskonstante ist. A ist eine positive Konstante. Die Geschwindigkeit, mit der sich die Welle ausbreitet, ist demnach umso größer je höher die Welle ist.

Nach Drazin (1983) fanden Boussinesq (1871) und Rayleigh (1876) heraus, dass die Wellenlänge einer solitären Welle viel größer ist als

die Tiefe des Wassers, die der vom Boden aus gemessenen Gleichgewichtshöhe l entspricht. Außerdem beschrieben sie die Höhe η der
nichtlinearen Welle bereits als die Funktion, die wir in Abschnitt 5.2.3
als 1. Lösung der Korteweg-de-Vries-Gleichung herleiten.

Erst 1895 entwickelten der Mathematik-Professor Diederik Johannes
Korteweg und sein Doktorand Gustav de Vries die Theorie weiter und
veröffentlichten die später nach ihnen benannte Korteweg-de-Vries-
Gleichung in der Form von Gl. (5.1) (vgl. Korteweg und de Vries
(1895) und Eckhaus und van Harten (1981)).

5.2.2 Die Normalform der Korteweg-de-Vries-Gleichung

Diese Gleichung (5.1) werden wir nun zur übersichtlicheren Standard-
form transformieren. Dazu gehen wir wie Eckhaus und van Harten
(1981) vor und verwenden die neuen Variablen

$$\tilde{t} := \frac{1}{2}\sqrt{\frac{g}{l\sigma}}t \text{ und} \tag{5.2}$$

$$\tilde{x} := -\frac{x}{\sqrt{\sigma}}, \tag{5.3}$$

um einen großen Teil der Konstanten wegzusubstituieren. Für die
partiellen Ableitungen gilt dann

$$\frac{\partial}{\partial t} = \frac{\partial \tilde{t}}{\partial t}\frac{\partial}{\partial \tilde{t}} = \frac{1}{2}\sqrt{\frac{g}{l\sigma}}\frac{\partial}{\partial \tilde{t}} \text{ und}$$

$$\frac{\partial}{\partial x} = \frac{\partial \tilde{x}}{\partial x}\frac{\partial}{\partial \tilde{x}} = -\frac{1}{\sqrt{\sigma}}\frac{\partial}{\partial \tilde{x}}.$$

Eingesetzt in Gl. (5.1) ergibt sich dann die folgende Gleichung für
$\tilde{\eta}(\tilde{t},\tilde{x}) = \eta(t,x)$, die abgesehen von den Variablen $\tilde{t}$ und $\tilde{x}$ nur noch

von der Konstanten α abhängig ist:

$$\frac{1}{2}\sqrt{\frac{g}{l\sigma}}\frac{\partial}{\partial\tilde{t}}\tilde{\eta}(\tilde{t},\tilde{x}) =$$

$$\frac{3}{2}\sqrt{\frac{g}{l}}\left(-\frac{1}{\sqrt{\sigma}}\frac{\partial}{\partial\tilde{x}}\right)\left[\frac{1}{2}\tilde{\eta}(\tilde{t},\tilde{x})^2 + \frac{2}{3}\alpha\tilde{\eta}(\tilde{t},\tilde{x}) + \frac{1}{3}\sigma\left(-\frac{1}{\sqrt{\sigma}}\frac{\partial}{\partial\tilde{x}}\right)^2\tilde{\eta}(\tilde{t},\tilde{x})\right]$$

$$\Leftrightarrow \frac{\partial}{\partial\tilde{t}}\tilde{\eta}(\tilde{t},\tilde{x}) = -\frac{\partial}{\partial\tilde{x}}\left[\frac{3}{2}\tilde{\eta}(\tilde{t},\tilde{x})^2 + 2\alpha\tilde{\eta}(\tilde{t},\tilde{x}) + \frac{\partial^2}{\partial\tilde{x}^2}\tilde{\eta}(\tilde{t},\tilde{x})\right].$$

Um nun die letzte Konstante zu eliminieren, definieren wir wie Eckhaus und van Harten (1981)

$$u(\tilde{t},\tilde{x}) := -\frac{1}{2}\tilde{\eta}(\tilde{t},\tilde{x}) - \frac{1}{3}\alpha \Rightarrow \tilde{\eta}(\tilde{t},\tilde{x}) = -2u(\tilde{t},\tilde{x}) - \frac{2}{3}\alpha. \quad (5.4)$$

Die Normalform der Korteweg-de-Vries-Gleichung erhalten wir nun, indem wir die obige Gleichung durch $u(\tilde{t},\tilde{x})$ ausdrücken und einige Umformungen vornehmen. Dabei beachten wir, dass α eine Konstante ist und somit sowohl die zeitliche als auch die räumliche Ableitung von α null ergeben:

$$-2\frac{\partial}{\partial\tilde{t}}u(\tilde{t},\tilde{x}) =$$

$$-\frac{\partial}{\partial\tilde{x}}\left[\frac{3}{2}\left(2u(\tilde{t},\tilde{x}) + \frac{2}{3}\alpha\right)^2 + 2\alpha\left(-2u(\tilde{t},\tilde{x}) - \frac{2}{3}\alpha\right) - 2\frac{\partial^2}{\partial\tilde{x}^2}u(\tilde{t},\tilde{x})\right]$$

$$\Leftrightarrow -2\frac{\partial}{\partial\tilde{t}}u(\tilde{t},\tilde{x}) =$$

$$-\frac{\partial}{\partial\tilde{x}}\left[\frac{3}{2}\left(4u(\tilde{t},\tilde{x})^2 + \frac{8}{3}\alpha u(\tilde{t},\tilde{x}) + \frac{4}{9}\alpha\right) - 4\alpha u(\tilde{t},\tilde{x}) - \frac{4}{3}\alpha^2 - 2\frac{\partial^2}{\partial\tilde{x}^2}u(\tilde{t},\tilde{x})\right]$$

$$\Leftrightarrow -2\frac{\partial}{\partial\tilde{t}}u(\tilde{t},\tilde{x}) = -6\frac{\partial}{\partial\tilde{x}}u(\tilde{t},\tilde{x})^2 - 4\alpha\frac{\partial}{\partial\tilde{x}}u(\tilde{t},\tilde{x}) + 4\alpha\frac{\partial}{\partial\tilde{x}}u(\tilde{t},\tilde{x}) + 2\frac{\partial^3}{\partial\tilde{x}^3}u(\tilde{t},\tilde{x})$$

$$\Leftrightarrow 0 = \frac{\partial}{\partial\tilde{t}}u(\tilde{t},\tilde{x}) - 3\frac{\partial}{\partial\tilde{x}}\left(u(\tilde{t},\tilde{x})\cdot u(\tilde{t},\tilde{x})\right) + \frac{\partial^3}{\partial\tilde{x}^3}u(\tilde{t},\tilde{x})$$

$$\Leftrightarrow 0 = \frac{\partial}{\partial\tilde{t}}u(\tilde{t},\tilde{x}) - 6u(\tilde{t},\tilde{x})\frac{\partial}{\partial\tilde{x}}u(\tilde{t},\tilde{x}) + \frac{\partial^3}{\partial\tilde{x}^3}u(\tilde{t},\tilde{x}). \quad (5.5)$$

Mit Gl. (5.5) haben wir nun die übersichtliche Normalform der Korteweg-de-Vries-Gleichung erhalten. Mit dieser arbeiten wir im nächsten Abschnitt weiter, um die 1. Lösung zu bestimmen.

5.2.3 Die ·1. Lösung der Gleichung

Wie alle nichtlinearen Differentialgleichungen besitzt auch die Korte-weg-de-Vries-Gleichung eine Vielzahl an Lösungen. Wir werden hier nur die sogenannte 1. Lösung, die ein isoliertes Soliton darstellt, herleiten.

Dazu verwenden wir wie Dauxois und Peyrard (2006) die Beob-achtung beziehungsweise die von Korteweg und de Vries bei der Entwicklung der Gleichung getroffene Annahme (vgl. Korteweg und de Vries (1895)), dass sich das Soliton ähnlich wie eine rechtslaufende lineare Welle ausbreitet, sodass für

$$z := \tilde{x} - v\tilde{t} \tag{5.6}$$

mit der Ausbreitungsgeschwindigkeit v der Welle gilt:

$$u(\tilde{t}, \tilde{x}) = u(\tilde{x} - v\tilde{t}) = u(z). \tag{5.7}$$

Eingesetzt in die Normalform (5.5) der Korteweg-de-Vries-Gleichung folgt wegen

$$\frac{\partial}{\partial \tilde{t}} u(\tilde{x} - v\tilde{t}) = \frac{\partial}{\partial \tilde{t}}(\tilde{x} - v\tilde{t}) \cdot \frac{d}{d(\tilde{x} - v\tilde{t})} u(\tilde{x} - v\tilde{t})$$

$$= -v \frac{d}{d(\tilde{x} - v\tilde{t})} u(\tilde{x} - v\tilde{t}) = -v \frac{d}{dz} u(z), \quad \text{und}$$

$$\frac{\partial}{\partial \tilde{x}} u(\tilde{x} - v\tilde{t}) = \frac{\partial}{\partial \tilde{x}}(\tilde{x} - v\tilde{t}) \cdot \frac{d}{d(\tilde{x} - v\tilde{t})} u(\tilde{x} - v\tilde{t})$$

$$= \frac{d}{d(\tilde{x} - v\tilde{t})} u(\tilde{x} - v\tilde{t}) = \frac{d}{dz} u(z)$$

somit

$$0 = -v \frac{d}{dz} u(z) - 6u(z) \frac{d}{dz} u(z) + \frac{d^3}{dz^3} u(z)$$

$$\Leftrightarrow 0 = \frac{d}{dz} \left(-vu(z) - 3u(z)^2 + \frac{d^2}{dz^2} u(z) \right).$$

Die Integration über z liefert

$$\Leftrightarrow 0 = -vu(z) - 3u(z)^2 + \frac{d^2}{dz^2}u(z) + c_1, \qquad (5.8)$$

wobei c_1 eine Integrationskonstante ist. Nun multiplizieren wir Gl. (5.8) mit $\frac{d}{dz}u(z)$, erhalten so

$$0 = \frac{d}{dz}u(z)\left(-vu(z) - 3u(z)^2 + \frac{d^2}{dz^2}u(z) + c_1\right)$$

$$\Leftrightarrow 0 = -vu(z)\frac{d}{dz}u(z) - 3u(z)^2\frac{d}{dz}u(z) + \frac{d^2}{dz^2}u(z)\frac{d}{dz}u(z) + c_1\frac{d}{dz}u(z)$$

und verwenden

$$\frac{d}{dz}u(z)^2 = \frac{d}{dz}\left(u(z)\right)\cdot u(z) + u(z)\cdot\frac{d}{dz}u(z) = 2u(z)\frac{d}{dz}u(z)$$

$$\frac{d}{dz}u(z)^3 = \frac{d}{dz}\left(u(z)^2\cdot u(z)\right) = 2u(z)\frac{d}{dz}\left(u(z)\right)\cdot u(z) + u(z)^2\cdot\frac{d}{dz}u(z)$$

$$= 3u(z)^2\frac{d}{dz}u(z)$$

$$\frac{d}{dz}\left[\left(\frac{d}{dz}u(z)\right)^2\right] = \frac{d^2}{dz^2}(u(z))\cdot\frac{d}{dz}u(z) + \frac{d}{dz}(u(z))\cdot\frac{d^2}{dz^2}u(z)$$

$$= 2\frac{d^2}{dz^2}(u(z))\frac{d}{dz}u(z),$$

um die obige Gleichung zu

$$0 = -\frac{v}{2}\frac{d}{dz}u(z)^2 - \frac{d}{dz}u(z)^3 + \frac{1}{2}\frac{d}{dz}\left(\frac{d}{dz}u(z)\right)^2 + c_1\frac{d}{dz}u(z)$$

$$= \frac{d}{dz}\left[-\frac{v}{2}u(z)^2 - u(z)^3 + \frac{1}{2}\left(\frac{d}{dz}u(z)\right)^2 + c_1 u(z)\right]$$

umzuformen. Nochmalige Integration über z führt nun zu

$$0 = -\frac{v}{2}u(z)^2 - u(z)^3 + \frac{1}{2}\left(\frac{\partial}{\partial z}u(z)\right)^2 + c_1 u(z) + c_2, \qquad (5.9)$$

wobei c_2 eine weitere Integrationskonstante ist.

Wir nutzen an dieser Stelle wie Dauxois und Peyrard (2006) die zweite Eigenschaft eines Solitons aus Definition 16 aus. Dadurch, dass das Soliton lokalisiert ist, müssen für den betrachteten Fall eines einzelnen Solitons $u(z)$ sowie sämtliche Ableitungen dieser Funktion gegen Null konvergieren, wenn $|z|$ gegen unendlich geht. Schließlich können sich in diesem Fall nicht mehrere Solitonen so überlagern, dass dieses Gebilde aus verschiedenen Solitonen insgesamt gegen null strebt, wenn $|z|$ gegen unendlich geht, obwohl sich jedes einzelne Soliton durchaus einer Konstante ungleich null im Unendlichen annähern könnte.

Betrachten wir nun die Gleichungen (5.8) und (5.9) für $|z| \to \infty$, so sehen wir, dass $c_1 = c_2 = 0$ gelten muss, weil die einzelnen Terme bis auf c_1 beziehungsweise c_2 gegen null konvergieren. Wir müssen demnach nur noch wie Dauxois und Peyrard (2006) die gewöhnliche Differentialgleichung

$$0 = \frac{v}{2}u(z)^2 + u(z)^3 - \frac{1}{2}\left(\frac{d}{dz}u(z)\right)^2$$

durch Trennung der Variablen lösen. Es folgt

$$dz = \pm\frac{1}{\sqrt{\frac{v}{2}u(z)^2 - u(z)^3}}du(z).$$

Wir betrachten hier nur den Fall mit positivem Vorzeichen. Es sei jedoch bemerkt, dass das Endergebnis für beide Vorzeichen dasselbe ist, da wir gleich eine Funktion verwenden werden, die achsensymmetrisch bezüglich der y-Achse ist.

Wir nutzen nun die Variablensubstitution

$$u(z) := \frac{v\,\mathrm{sech}(w(z))^2}{2} = \frac{v}{2\cosh(w(z))^2} \tag{5.10}$$

mit

$$\frac{du(z)}{dw(z)} = \frac{v}{2}\cdot(-2)\frac{1}{\cosh(w(z))^3}\sinh(w(z)) = -v\frac{\sinh(w(z))}{\cosh(w(z))^3}.$$

Dann folgt wegen des Zusammenhangs

$$\cosh(x)^2 - \sinh(x)^2 = 1, \tag{5.11}$$

der nach Bronstein u. a. (2013) für die hyperbolischen Funktionen gilt:

$$dz = -v\frac{\sinh(w(z))}{\cosh(w(z))^3}\frac{1}{\sqrt{\frac{v^3}{4\cosh(w(z))^4} - \frac{v^3}{4\cosh(w(z))^6}}}dw(z)$$

$$= -\frac{2}{\sqrt{v}}\frac{\sinh(w(z))}{\cosh(w(z))^3}\cosh(w(z))^2\frac{1}{\sqrt{1 - \frac{1}{\cosh(w(z))^2}}}dw(z)$$

$$= -\frac{2}{\sqrt{v}}\frac{\sinh(w(z))}{\cosh(w(z))}\frac{1}{\sqrt{\frac{\cosh(w(z))^2-1}{\cosh(w(z))^2}}}dw(z)$$

$$\overset{(5.11)}{=} -\frac{2}{\sqrt{v}}\sinh(w(z))\frac{1}{\sqrt{\sinh(w(z))^2}}dw(z)$$

$$= -\frac{2}{\sqrt{v}}dw(z).$$

Die Integration ist nun einfach durchzuführen und es folgt

$$z = -\frac{2}{\sqrt{v}}w(z) + c$$

$$\Leftrightarrow w(z) = \frac{\sqrt{v}}{2}(c - z) \tag{5.12}$$

mit einer Integrationskonstanten c, wobei wir im Folgenden $c = 0$ wählen, da diese Konstante lediglich eine konstante räumliche und zeitliche Verschiebung gegenüber $z = \tilde{x} - v\tilde{t}$ (vgl. Gl. (5.6)) bewirkt.

Eingesetzt in die Definition von $u(z)$, also in Gl. (5.10), folgt somit für die 1. Lösung der Korteweg-de-Vries-Gleichung in der Normalform, wegen der Achsensymmetrie des cosh bezüglich der y-Achse nach Bronstein u. a. (2013):

$$u(z) = \frac{v}{2\cosh(w(z))^2} = \frac{v}{2\cosh\left(\frac{\sqrt{v}}{2}(-z)\right)^2}$$

$$= \frac{v}{2\cosh\left(\frac{\sqrt{v}}{2}z\right)^2}. \tag{5.13}$$

Gleichung (5.13) beschreibt also ein einzelnes stabiles Soliton, welches die Korteweg-de-Vries-Gleichung löst. Wir sehen dabei sofort, dass die Höhe des Solitons beziehungsweise der Wasserwelle von der Ausbreitungsgeschwindigkeit abhängig ist, wie es bereits der Ingenieur Russel herausgefunden hat (vgl. Abschnitt 5.2.1). In Abbildung 5.1 sind beispielhaft die Lösungen für die drei verschiedenen Geschwindigkeit $1\frac{m}{s}$, $\frac{1}{2}\frac{m}{s}$ und $\frac{1}{4}\frac{m}{s}$ dargestellt. Es muss jedoch beachtet werden, dass $u(z)$ immer bezüglich der Wasseroberfläche, die hier grün (durchgezogen) eingetragen ist, angegeben wird und nicht von der z-Achse, die den Kanalboden darstellt, aus gemessen wird.

Die weiteren Eigenschaften eines Solitons, wie beispielsweise das kleine Verhältnis zwischen Höhe und Breite, lassen sich erst beobachten, wenn die Variable z wieder zurückgeführt wird auf $\tilde{x}$ und $\tilde{t}$ beziehungsweise x und t. Da wir durch die Durchführung der Rücksubstitution aber keine neuen Erkenntnisse erlangen, führen wir diese hier nicht durch.

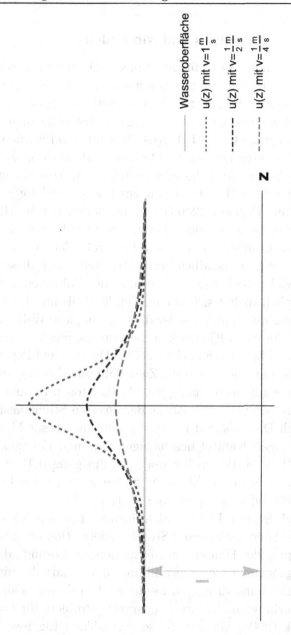

Abbildung 5.1: 1. Lösung eines Solitons für verschiedene Ausbreitungsgeschwindigkeiten

5.2.4 Weitere Lösungen und Methoden

Wie oben erwähnt, gibt es für nichtlineare Differentialgleichungen in der Regel eine Vielzahl an Lösungen und nicht nur die 1. Lösung eines einzelnen Solitons. Allerdings wird die Bestimmung dieser Lösungen immer komplexer und auch die Lösungen selbst bekommen eine kompliziertere Form als Gl. (5.13). Aus diesem Grund werden in dieser Arbeit keine weiteren Lösungen mehr bestimmt, sondern als Abschluss dieses Kapitels wird im Folgenden lediglich ein Ausblick mit Literaturhinweisen auf die Hauptmethode zur Lösungsfindung gegeben.

Dauxois und Peyrard (2006) nennen neben der beständigen 1. Lösung der Korteweg-de-Vries Gleichung weitere Lösungen, die sie als Multisolitonen-Lösungen bezeichnen. Für große Zeiten beziehungsweise, wenn wir t gegen unendlich betrachten, teilen sich diese Überlagerungen aus vielen Solitonen in ihre einzelnen Solitonen auf. Im Bild der Wasserwellen spaltet sich also eine große Welle mit der Zeit in ihre kleineren Einzelwellen auf, aus der die ursprüngliche Welle zusammengesetzt war. Um einen Eindruck zu bekommen, wie kompliziert diese Multisolitonen-Lösungen aussehen, sei auf Dauxois und Peyrard (2006) verwiesen, die unter anderem die Zwei-Solitonen-Lösung angeben.

Die Methode zur Bestimmung von Multisolitonen-Lösungen, die am häufigsten beschrieben wird, ist die der inversen Streutransformation. Während sich Dauxois und Peyrard (2006) mit dieser Methode nur in einem einzigen Kapitel beschäftigen, widmen Eckhaus und van Harten (1981) sich diesem Thema in einem ganzen Buch. Weitere Informationen über diese Methode finden wir auch bei Drazin und Johnson (1989) oder Lonngren und Scott (1978).

Die Grundidee der Lösung nichtlinearer Differentialgleichungen durch die Methode der inversen Streutransformation ist dabei ähnlich wie die Nutzung der Fourier-Transformation zur Lösung inhomogener Differentialgleichungen (vgl. Abbildung 3.5). Statt die nichtlineare Differentialgleichung direkt zu lösen, wird in diesem Fall zunächst das damit verbundene lineare (Eigenwert-)Problem für $t = 0$ gelöst. Nach Scheck (2006) können die so gefundenen Eigenwertspektren entweder rein diskret, rein kontinuierlich oder gemischt sein. Diskrete

Eigenwerte stehen dabei für gebundene Zustände mit räumlich lokalisierten Eigenfunktionen und kontinuierliche Eigenwerte stehen für Streuzustände, deren Eigenfunktionen sich im Unendlichen wie ebene Wellen verhalten (vgl. Dauxois und Peyrard (2006)). Im nächsten Schritt dieser Lösungsmethode werden dann die zeitabhängigen gestreuten Lösungen aus diesen Eigenwerten und -funktionen entwickelt. Schließlich wird durch die Inversion der Streuung die Lösung der ursprünglichen Differentialgleichung bestimmt (vgl. Dauxois und Peyrard (2006)).

6 Zusammenfassung und Fazit

Am Ende dieser Arbeit fassen wir die Erkenntnisse aus den vorherigen Kapiteln kurz zusammen, reflektieren den Nutzen und blicken auf weitere Forschungsfelder, die sich mit Differentialgleichungen in der Physik beschäftigen.

Insgesamt beschäftigten wir uns beispielhaft mit drei verschiedenen Differentialgleichungen von unterschiedlichem Typ. Jedoch sind alle gewählten Beispiele dem Kontext Schwingungen und Wellen zuzuordnen.

Begonnen haben wir mit einer ausführlichen Diskussion der Schwingungsgleichung als Beispiel für gewöhnliche Differentialgleichungen zweiter Ordnung. Dabei stellten wir fest, dass für die homogenen Gleichungen eine Lösungstheorie existiert, die sich analog auf andere gewöhnliche Differentialgleichungen anwenden lässt. Für partielle oder gar nichtlineare Differentialgleichungen gibt es eine solche allgemeine Lösungstheorie nicht mehr. Bei der Lösung der inhomogenen Schwingungsgleichung lernten wir die Green'sche Funktion und ihren Vorteil gegenüber dem Erraten von geeigneten Lösungsansätzen kennen. Schließlich ist es bei vorhandenen mathematischen Methoden nahezu immer möglich eine Green'sche Funktion und somit spezielle Lösungen von inhomogenen Differentialgleichungen zu bestimmen.

Als Nächstes widmeten wir uns der Wellengleichung in $(1 + 1)$ und $(1 + 3)$ Dimensionen, die eine partielle Differentialgleichung zweiter Ordnung sowohl in der Zeit als auch im Ort ist und als eine zentrale Gleichung in der Elektrodynamik angesehen werden kann. Am Beispiel der Wellengleichung erarbeiteten wir unter anderem die Methode des Separationsansatzes, die häufig in der Physik zum Lösen partieller Differentialgleichungen verwendet wird. Wir sahen aber auch, dass die Methode von Fourier eine äquivalente Lösung liefert und die

E. M. Hickmann, *Differentialgleichungen als zentraler Bestandteil der theoretischen Physik*, BestMasters, https://doi.org/10.1007/978-3-658-29898-2_6

Methode von d'Alembert bei gegebenen Anfangswerten eine direkte Lösungsformel der eindimensionalen Wellengleichung bereitstellt, die sich aus einer rechts- und einer linkslaufenden Welle zusammensetzt. Mit Hilfe der Integration in der komplexen Ebene wurden die retardierte und die avancierte Green'sche Funktion der Wellengleichung explizit hergeleitet und physikalisch diskutiert. Im Anschluss nutzten wir die retardierte Green'sche Funktion, um schließlich das spezielle elektrische Feld einer ruhenden Elementarladung zu bestimmen.

Letztendlich wagten wir uns an die nichtlineare Korteweg-de-Vries-Gleichung, die als Differentialgleichung bezüglich des Ortes dritter und bezüglich der Zeit erster Ordnung ist. An diesem Beispiel lernten wir, dass auch solche nichtlinearen Differentialgleichungen stabile Lösungen in Form von Solitonen oder solitären Wellen haben. Allerdings stellten wir auch fest, dass die mathematische Beschreibung beziehungsweise Herleitung dieser Solitonen schnell sehr kompliziert werden kann und für unterschiedliche nichtlineare Differentialgleichungen sehr speziell ist.

So konnten wir insgesamt viele allgemeine Methoden und Herangehensweisen zur Lösung von Differentialgleichungen kennenlernen. Allerdings deckt diese Arbeit nicht ansatzweise die Vielzahl an Methoden ab, die es tatsächlich gibt. Auch wurden nur drei spezielle Differentialgleichungen betrachtet, obwohl es in der Physik viel mehr zentrale Differentialgleichungen gibt, die teilweise sogar von einem anderen Typ sind, sodass die vorgestellten Lösungsmethoden nur bedingt anwendbar sind. Erwähnt seien hier beispielsweise die Wärmeleitungsgleichung, die eine partielle Differentialgleichung erster Ordnung bezüglich der Zeit und zweiter Ordnung bezüglich des Orts ist oder die Schrödinger-Gleichung, die komplexe Lösungen hat.

Weiter wurde das Thema der nichtlinearen Differentialgleichungen aufgrund der hohen Komplexität nur kurz beleuchtet. Dabei ist es sicher interessant mit Hilfe der Numerik weitere Lösungen und Differentialgleichungen zu betrachten, wenn die analytischen Methoden ausgeschöpft sind.

Literaturverzeichnis

Arendt, W. und Urban, K. (2010). *Partielle Differentialgleichungen.* Spektrum, Heidelberg.

Barner, M. und Flohr, F. (2000). *Analysis 1.* Walter de Gruyter, Berlin.

Brandt, S. und Dahmen, H. D. (2005). *Elektrodynamik.* Springer, Berlin, Heidelberg.

Bronstein, I. N. u. a. (1979). *Taschenbuch der Mathematik.* Teubner, Leipzig.

Bronstein, I. N. u. a. (2013). *Taschenbuch der Mathematik.* Europa-Lehrmittel, Haan-Gruiten.

Cohen-Tannoudji, C. u. a. (1999). *Quantenmechanik Teil 2.* Walter de Gruyter, Berlin.

Dauxois, T. und Peyrard, M. (2006). *Physics of Solitons.* Cambridge University Press, Cambridge.

de Jong, T. (2013). *Lineare Algebra.* Pearson, München.

Diehl, B. u. a. (2008). *Physik Oberstufe Gesamtband.* Cornelsen, Berlin.

Drazin, P. (1983). *Solitons.* Cambridge University Press, Cambridge.

Drazin, P. und Johnson, R. (1989). *Solitons: an introduction.* Cambridge University Press, Cambridge.

© Der/die Herausgeber bzw. der/die Autor(en), exklusiv lizenziert durch
Springer Fachmedien Wiesbaden GmbH, ein Teil von Springer Nature 2020
E. M. Hickmann, *Differentialgleichungen als zentraler Bestandteil der theoretischen
Physik*, BestMasters, https://doi.org/10.1007/978-3-658-29898-2

Eckhaus, W. und van Harten, A. (1981). *The inverse scattering transformation and the theory of solitons.* North-Holland, Amsterdam, New York, Oxford.

Elmer, F.-J. (1997). *Differentialgleichungen in der Physik.* Deutsch, Frankfurt am Main.

Evans, L. C. (1998). *Partial Differential Equations.* American Mathematical Society, Providence.

Fischer, H. und Kaul, H. (2014). *Mathematik für Physik Band 2.* Springer, Wiesbaden.

Fritzsche, K. (2009). *Grundkurs Funktionentheorie.* Spektrum, Heidelberg.

Furlan, P. (2012a). *Das gelbe Rechenbuch 1.* Martina Furlan, Dortmund.

Furlan, P. (2012b). *Das gelbe Rechenbuch 3.* Martina Furlan, Dortmund.

Goldhorn, K.-H. und Heinz, H.-P. (2008). *Mathematik für Physiker 3.* Springer, Berlin, Heidelberg.

Grehn, J. und Krause, J. (2007). *Metzler Physik.* Schroedel, Braunschweig.

Heuser, H. (2004). *Lehrbuch der Analysis 2.* Teubner, Wiesbaden.

Jänich, K. (2001). *Analysis für Physiker und Ingenieure.* Springer, Berlin, Heidelberg.

Kallenrode, M.-B. (2005). *Rechenmethoden der Physik.* Springer, Berlin, Heidelberg.

Korsch, H. J. (2004). *Mathematische Ergänzungen zur Einführung in die Physik.* Binomi, Springe, Hannover.

Korteweg, D. J. und de Vries, G. (1895). On the change of form of long waves advancing in a rectangular canal, and on a new type of long stationary waves. *The London, Edinburgh, and Dublin Philosophical Magazine and Journal of Science*, S. 422–443. Online erhältlich unter https://doi.org/10.1080/14786449508620739. Eingesehen am 08.02.2019.

Kusse, B. R. und Westwig, E. A. (2006). *Mathematical Physics.* WILEY-VCH, Weinheim.

Lonngren, K. und Scott, A. (1978). *Solitons in Action.* Academic Press, New York.

Ministerium für Bildung, Wissenschaft und Weiterbildung Rheinland-Pfalz (o. J.). Lehrplan Physik Oberstufe Rheinland-Pfalz. https://lehrplaene.bildung-rp.de/?keyword=physik. Eingesehen am 02.02.2019.

Nolting, W. (2002). *Grundkurs Theoretische Physik 3.* Springer, Berlin, Heidelberg.

Nolting, W. (2012). *Grundkurs Theoretische Physik 4.* Springer, Berlin, Heidelberg.

Rajaraman, R. (1989). *Solitons and instantons.* North-Holland, Amsterdam.

Rudin, W. (1999). *Reelle und Komplexe Analysis.* Oldenburg, München.

Rudin, W. (2005). *Analysis.* Oldenburg, München.

Scheck, F. (2006). *Theoretische Physik 2.* Springer, Berlin, Heidelberg.

Scheck, F. (2010). *Theoretische Physik 3.* Springer, Berlin, Heidelberg.

Schweizer, B. (2013). *Partielle Differentialgleichungen.* Springer, Berlin, Heidelberg.

Wachter, A. und Hoeber, H. (1998). *Repetitorium Theoretische Physik.* Springer, Berlin, Heidelberg.

Wong, C. W. (1994). *Mathematische Physik.* Spektrum, Heidelberg, Berlin, Oxford.

Printed in the United States
By Bookmasters

Printed in the United States
By Bookmasters